物 理 实 验 教 程

许雪芬　王　旭
钱超义　王志萍　主编

苏州大学出版社

图书在版编目(CIP)数据

物理实验教程 / 许雪芬等主编. —苏州：苏州大学出版社，2020.1(2024.7重印)
ISBN 978-7-5672-3114-6

Ⅰ. ①物… Ⅱ. ①许… Ⅲ. ①物理学—实验—高等职业教育—教材 Ⅳ. ①O4-33

中国版本图书馆CIP数据核字(2020)第009887号

物理实验教程
许雪芬　王　旭　钱超义　王志萍　主编
责任编辑　周建兰

苏州大学出版社出版发行
(地址：苏州市十梓街1号　邮编：215006)
苏州工业园区美柯乐制版印务有限责任公司印装
(地址：苏州工业园区双马街97号　邮编：215121)

开本 787 mm×1 092 mm　1/16　印张 11.75　字数 255 千
2020年1月第1版　2024年7月第6次修订印刷
ISBN 978-7-5672-3114-6　定价：29.50元

若有印装错误，本社负责调换
苏州大学出版社营销部　电话：0512-67481020
苏州大学出版社网址　http://www.sudapress.com
苏州大学出版社邮箱　sdcbs@suda.edu.cn

前言

Preface

物理学是研究物质的基本结构、基本运动形式及相互作用的自然科学，它是其他自然科学和工程技术的基础. 实验是物理学的基础，也是探索物理规律的途径. 物理实验是高等院校理工科各专业学生必修的公共基础课，是大学生系统地学习科学实验的基础知识、基本方法和基本技能的入门课程，对学生的科学思维方式的训练、创新意识的培养以及科学实验素质的养成都具有极其重要的作用，是高等院校基础教学中不可缺少的重要环节. 对于培养高素质技能型人才的高职高专院校来说，开设物理实验尤为重要.

本教材根据高职高专人才培养目标，贯彻“加强基础、重视应用、提高素质、培养能力、开拓创新”的教改精神，在多年校本教材的基础上改编修订而成. 本教材根据高职高专学生的认知规律和学生的实际水平，阐述了误差分析、数据处理基础知识和不确定度，简单介绍了物理实验中常用的实验测量设计方法和物理实验数据处理的基本方法. 并在精选基本实验的基础上，为配合教改和从基础课开始培养高职高专学生的动手制作能力和创新精神，本教材增加了实践制作，用于课下学生创新实验训练，以更好地培养学生的动手能力.

全书包括“绪论”“基本仪器”“基础实验”“设计性实验”“实践制作”等内容，以方便学生使用. 全书物理概念清晰，图文并茂，以物理学的思想、方法为主线，突出物理量的测量及物理规律的研究，避免烦琐的数学推导. 这样处理符合高职高专学生的培养目标，更切合学生的实际情况.

本教材是无锡职业技术学院物理实验中心全体老师长期实验教学的结晶. 在本教材出版之际，感谢多年来在无锡职业技术学院物理实验教学中做出贡献的所有老师！同时感谢无锡职业技术学院对物理及物理实验教学的重视和大力支持！

在编写本教材的过程中，我们参考了一些物理实验的相关教材，在此向有关作者谨致谢意.

限于我们的水平，加上时间仓促，书中难免有许多不足乃至错误之处，欢迎广大师生批评指正.

目录 Contents

第1章 绪 论

1.1 物理实验课的目的和任务

物理实验课是理工类专业学生进入大学后进行科学实验基本训练的必修课程，是其受到系统的实验技能训练的开端和基础.物理实验课覆盖面广，实验方法和手段多样.它是培养学生创新意识和创新能力，引导学生确立正确的科学思想和科学方法，提高学生科学素质的重要基础.其教学目的和基本任务是：

1. 学生通过系统的物理实验训练，具有一定的物理实验基础知识和基本技能，做到：弄懂实验原理，了解一些物理量的测量方法，熟悉常用仪器的基本原理和性能，掌握其使用方法；能够正确记录、处理实验数据，分析、判断实验结果，并能写出比较完备的实验报告.

2. 培养和提高学生的观察与分析实验现象的能力以及理论联系实际的独立工作能力.学生通过实验中的观察、测量和分析，加深对物理概念、物理规律的理解.

3. 培养学生安装、调整实验装置的技能，以及设计实验方案和实验步骤、选取实验条件、分析实验故障等方面的能力，逐步建立创新意识.

4. 培养学生严肃认真的工作作风与实事求是的科学态度.

1.2 物理实验课的基本要求

一、实验预习

认真而充分的预习是实验得以顺利进行和能高质量地完成实验的必要前提.预习要达到的目标是：明确实验目的，掌握实验原理，了解仪器设备及实验装置，记住主要实验步骤及注意事项.

预习分课内和课外两个阶段.在预习课之前必须看完有关的实验讲义.每一项实验讲义中的最后部分都附有预习思考题，能否正确地回答这些思考题是判断预习是否充分的一个重要标准.在预习中除了要熟悉实验装置、实验仪器外，还必须弄懂思考题中所提出来的问题.

在预习课之前，必须按要求写出预习报告. 预习报告实际上是同学们进行实验的一个备忘录. 如果依据预习报告就可以独立地完成实验而无须再看讲义，则该预习报告是合格的. 预习报告不能全部照抄讲义，应该根据自己对实验的理解用简洁的语言阐述实验原理和实验步骤等，但也反对三言两语、草草了事.

预习报告的内容主要包括以下六个方面：

(1) 实验名称.

(2) 实验目的.

(3) 实验器材.

(4) 实验原理(写出主要原理及公式，画出原理、线路图和光路图).

(5) 用简洁的语言写出实验步骤及注意事项.

(6) 精心设计并用直尺画好数据记录表. 此表格用于实验时记录原始数据，并交给指导教师签字.

二、实验操作

操作是学习科学实验知识、培养实验技能和完成实验任务的关键步骤. 进入实验室后要遵守实验室规则. 实验前应先清点量具、仪器及有关器材是否完备，然后进行合理布局，对量具、仪器进行调整或按电路、光路图进行连接. 要清楚了解所用仪器的性能和使用方法，牢记注意事项. 实验前如有必要应请指导教师检查. 实验开始，如果条件允许，可粗略定性地观察一下实验的全过程，了解数据分布情况，看有无异常现象，如果正常就可以从头按步骤进行实验测试. 实验过程中，如出现异常情况，应立即终止实验，以防损坏仪器，并认真思考、分析原因，力争独立地寻找、排除故障，当然也可与指导教师讨论和解决. 通过实验，学习探索和研究问题的方法.

不能把物理实验看成是只测量几组数据，完成任务了事. 实验过程是知识积累的过程，在实验中多用一份精力，多下一份功夫，就会有多一份的收获. 实验时要理论联系实际，用理论指导实践. 要手脑并用，边做实验边思考，仔细观察实验现象，完整记录所有数据，不可疏漏. 记录数据应使用圆珠笔或钢笔，不要用铅笔. 所记录的原始数据不可随意修改. 若记录的数据确实有误，应在其上画线(不要涂掉)并在其旁边写上正确数据. 要做到如实记录实验数据及观察到的现象，有些实验还要记录室温、湿度、气压等环境条件.

操作完成后，先制动仪器，或切断电源、光源，并请指导教师审查原始数据. 待指导教师签字后，再把仪器等复原，并整理摆放好.

三、撰写实验报告

实验报告是实验完成后的书面总结，是把感性认识深化为理性认识的过程. 首先应该完整地分析一下整个实验过程，实验依据的理论和物理规律是什么，再通过计算、作图等数据处理，得到实验结果. 写实验报告不要不动脑筋地去抄教材. 因为实验教材是供做实验时阅读的，是用来指导实验的；实验报告则是向别人报告实验的原理、方法、所使用的仪器和所测得的数据等，供别人评价自己的实验结果. 认真书写实验报告，不仅可以提高自己写科研报告和科技论文的水平，而且可以提高材料组织、语句表达和文字修饰的能力，这是其他理论课程所无法替代的.

物理实验报告一般应包括以下七项内容：

(1) 实验名称.

(2) 实验目的.

(3) 实验器材.

(4) 实验原理(简要叙述实验的物理思想和依据的物理定律、主要计算公式，电学和光学实验应画出相应的电路图或光路图).

(5) 实验步骤及注意事项.

(以上几项在实验前预习时完成)

(6) 数据表格及数据处理(把教师签过字的原始数据如实地誊写在报告的正文中，写出主要计算过程及误差处理过程. 进行数值计算时，要先写出公式，再代入数据，最后得出结果，并要完整地表达实验结果. 若用作图法处理数据，应严格按作图要求，画出符合规定的图线. 若上机处理数据，则要有打印结果).

(7) 实验小结(讨论实验中遇到的问题，写出自己的见解、体会和收获，提出对实验的改进意见等).

实验报告要用统一的实验报告纸书写，字体要工整，语句要简明. 原始数据要附在实验报告的后面，经装订后一并交给教师审阅. 没有原始数据或原始数据未经指导教师签字的实验报告是无效的.

1.3 误差分析与数据处理基础知识

1.3.1 测量与误差的基本概念

进行物理实验时，不仅要定性地观察物理变化的过程，而且要定量地测量物理量的大小. 测量是指为确定对象的量值而进行的被测物与仪器相比较的实验过程. 例如，将一根棒与米尺相比较，得出棒的长度为 0.85m；通过天平将一块铜块的质量与砝码相比较，得出铜块的质量为 20.85g.

测量给出的被测物的量值，必须包括数量大小及单位.

一、测量的分类

(一) 直接测量与间接测量

一般仪表都按一定的规律刻度，以便直接读出待测量量的数值. 可以用仪表直接读出测量值的测量，称为直接测量，相应的物理量称为直接测量量. 例如，用米尺测长度，天平称质量，停表测时间，电压表、电流表测电压、电流等，这些都是直接测量. 但对于大多数物理量来说，需要借助一些原理、公式，用间接的办法，由直接测量得到有关量后进行计算得出. 例如，测量铜柱的密度时，我们可以用米尺量出它的高 h 和直径 d，算出体积 $V=\frac{\pi d^2 h}{4}$，用天平称出它的质量 M，则铜柱密度 $\rho=\frac{M}{V}=\frac{4M}{\pi d^2 h}$. 像这样一类测量称为间接测量，相应的物理量称为间接测量量. 直接测量量与间接测量量二者的界限不是绝对的，在很大程度上，取决于实验方法和选用的仪器. 例如，测电阻 R，运用电压表、电流表分别测量加在电阻上的电压和电流，由 $R=\frac{U}{I}$ 算出的电阻，则为间接测量量；如用多用表直接测阻值 R，则 R 为直接测量量. 通常的实验过程是：直接测量出一些物理量后，再通过物理量间的联系公式，求得另一些物理量或验证某一规律；或者反过来，当规律未知时，通过分析实验数据去建立它们之间的联系规律.

（二）测量的其他分类

按照测量次数来分，可分为单次测量和多次测量. 对被测量量只测一次便满足要求或受条件限制只能测一次的测量，称为单次测量；为了提高精确度，对被测量量进行多次测量，然后取平均值表示测量结果的测量，称为多次测量. 按照测量精度分，测量又可分为等精度测量和非等精度测量. 在进行重复测量时（多次测量），都在同一条件下进行的一系列独立测量，称为等精度测量（也叫多次等精度测量）；有时由于条件的限制，每次测量的条件不能相同，或者人们有意地通过改变测量条件，采用不同方法，变换测量人员，使用不同仪器等途径，对同一物理量进行测量，以进行比较和分析，这种测量被称为非等精度测量（也叫多次非等精度测量）.

二、误差的基本概念

任何测量都不可能进行得完全准确，无论选择怎样良好的实验方法和如何设法提高实验技术以及选择最佳的精密仪器等，实验的结果总会有一定的不准确性；当对某一物理量进行多次重复测量时也会发现，得出的一系列数据都存在有细微的不同，我们说任何测量都存在有误差. 下面介绍一下有关测量误差的基本概念.

（一）真值

任何物质都有自身的特性，反映自身特性的物理量所具有的客观的真实的量值，称为真值. 测量的目的就是力图得到真值. 但是，由于测量仪器、测量方法、环境条件、人的感官的限制以及测量程序等都不能做到完美无缺，故真值是无法测得的，只能得到一个近似于真值的数值（称之为近真值）. 通常情况下，我们把前人和一些科学家所得到的某物理量的标称值作为真值（也只是近似的真值）. 例如，黄铜密度 $\rho=8.44\text{kg/m}^3$，在干燥空气中 0℃ 时声速 $v=331.4\text{m/s}$，电子电荷 $e=1.6020\times10^{-19}\text{C}$ 等，可视为真值. 某些物理量不知其真值，可在消除系统误差后对其测量无限多次，将各次观测值求算术平均，则该算术平均值接近于真值. 后面将证明，多次等精度测量值的算术平均值是真值的最佳估计值（简称近真值）.

（二）误差与残差

观测值与真值的差值称为误差，观测值与近真值的差值称为残差，即

$$\delta_i = x_i - a,\ d_i = x_i - \bar{x}$$

式中，a 为被测物理量的真值，x_i 为对该物理量多次测量时第 i 次的测量值，$\bar{x}$ 为被测量量的算术平均值（近真值），δ_i 为第 i 次测量值的误差，d_i 为第 i 次测量值的残差.

由于真值不可知，所以测量的误差也不能确切知道. 在此情况下，测量的任务是：

（1）给出被测量量真值的最佳估计值（近真值）.

（2）给出真值最佳估计值的可靠程度的估计.

通常情况下，残差也叫误差，但严格地讲，误差与残差在意义上是不完全相等的. 残差也叫偏差.

（三）误差的分类

误差产生的原因有多方面，根据误差的性质及产生原因，可将误差分为三类，即系统误差、随机误差和过失误差.

1. 系统误差.

其特征是误差具有确定性，即在恒定的条件下或在条件改变时，误差按照一定的规律变化. 在对同一物理量的测量中，误差数值的大小、方向一定或者按一定规律变化的误差，称为系统误差（简称系差）. 产生系统误差的原因大致是：

（1）仪器的固有缺陷. 例如，米尺刻度不准，天平砝码质量偏大或偏小，电表零点未调好，天平两臂不等长，等等.

（2）测量方法或理论的不完善. 例如，用单摆法测重力加速度，周期公式 $T=2\pi\sqrt{\dfrac{l}{g}}$ 是在摆角 θ 甚小时，忽略了摆线质量、摆球线度等推得的. 当 $\theta \leqslant 2^\circ$ 时，误差在万分之一以内；当 $\theta = 10^\circ$ 时，误差可达到 1%. 这可通过周密考虑和计算，推出它的修正项，适当修正公式，使系统误差尽可能地减小.

（3）个人的习性和生理特点以及其他经常的单方面的外来影响，如有人揿表测时间总是提前，估计数值总是偏高或偏低. 这需要观测者长期训练及提高实验技术加以纠正.

系统误差应设法减小或消除. 为此，在设计实验时应加以考虑，做完实验后就做出估计.

2. 随机误差.

其特征是误差具有随机性. 经过实验者精心观察，测得的数据时大时小，不遵循固定的规律，这种在测量中具有随机性的误差被称为随机误差. 产生的原因可能是：人们的感官分辨力不尽一致，表现为每个人的估读能力不一致；外界环境条件的干扰（如温度不均匀、振动、气流等偶然因素的影响），干扰不能消除，又不能估量，便产生随机误差. 随机误差也叫偶然误差. 在消除了系统误差后，尽管在某一次或某几次测量中，随机误差的大小和方向没有规律，但是，在许多次重复测量中，符号相反、大小相等的误差出现的机会相等，随机误差服从统计规律. 由统计规律可推知，多次等精度测量的平

均值更接近于待测物理量的真值.因此,可以用增加重复测量的次数使随机误差减至最小.

3. 过失误差.

过失误差也叫粗差,它是由于实验者过失或粗心造成的,或使用仪器方法不当,实验方法不合理等因素引起的.这种误差是人为的,只要实验者采取严肃认真的态度,具有一丝不苟的作风,掌握一定的理论知识及实验技能,过失误差是可以避免的.

三、评价测量结果的几个术语

1. 精密度:表征测量结果的重复性,重复性好,则表明测量的随机误差小.因此,精密度反映测量随机误差的大小,精密度高,则随机误差小.

2. 正确度(真实度):表征测量值与真值的符合程度.正确度反映系统误差的大小,正确度高,则系统误差小.

3. 精确度(准确度):测量列的精密度与正确度的总称.显然,只有与真值符合得很好,而且彼此离散程度不大的一组数据,也就是测量精确度高的数据,才是好的测量数据.

四、随机误差的表示方法

(一) 标准误差 σ

对同一物理量进行多次等精度测量,得到一测量列($x_1, x_2, \cdots, x_n$),将各次测量的误差($x_1-a, x_2-a, \cdots, x_n-a$)的平方取平均值再开方,即定义为该测量列的标准误差,也称作方均根误差,我们用符号 σ 表示:

$$\sigma=\sqrt{\frac{1}{n}\sum_{i=1}^{n}(x_i-a)^2}$$

式中,n 为对同一物理量进行多次等精度测量的次数,a 为物理量的真值,x_i 为第 i 次测量的测量值.

(二) 算术平均误差 η

对物理量 x 进行多次等精度测量,将各次测量误差的绝对值的算术平均值定义为算术平均误差,也叫平均绝对误差,我们用符号 η 表示:

$$\eta=\frac{1}{n}\sum_{i=1}^{n}|x_i-a|$$

必须注意,标准误差与算术平均误差反映的都是同一测量列数据的精密程度(随机误差),因此,从这个意义上来说,不论用哪一种方法来表示误差的大小都是可以的.由于算术平均误差具有计算比较简单的特点,容易为初学者掌握,因此,在实验的初期教学中常常采用这种方法.而标准误差能较好地反映测量数据的离散程度,它对测量值中较大误差或较小误差的出现,感觉比较灵敏,因此在科学文献报告中,更通用的是标准误差.

1.3.2 等精度测量的近真值

假设在没有系统误差的情况下，对同一物理量实现 n 次等精度测量，可得到一个测量列：$(x_1, x_2, \cdots, x_i, \cdots, x_n)$，则该 n 次测量的误差为 $(\delta_1, \delta_2, \cdots, \delta_i, \cdots, \delta_n) = (x_1 - a, x_2 - a, \cdots, x_i - a, \cdots, x_n - a)$. 将这 n 个测量误差相加，得 $\sum_{i=1}^{n} \delta_i = \sum_{i=1}^{n} x_i - na$，即 $\frac{1}{n}\sum_{i=1}^{n} \delta_i = \frac{1}{n}\sum_{i=1}^{n} x_i - a = \bar{x} - a$.

根据随机误差的公理"大小相等，符号相反的误差出现的机会相等"，则当测量次数 n 相当多时，$\lim_{n \to \infty} \sum_{i=1}^{n} \delta_i = 0$，于是有 $\bar{x} \to a$. 可见，测量次数愈多，算术平均值愈接近真值. 因此，对物理量实施多次测量十分必要. 算术平均值是真值的最佳估计值，即近真值.

1.3.3 直接测量的标准偏差与算术平均偏差

一、测量列的标准偏差

我们用近真值取代真值，用残差取代误差，以估算测量列的标准误差的关系式为

$$\sigma_x = \sqrt{\frac{1}{n-1}\sum_{i=1}^{n} d_i^{\,2}} = \sqrt{\frac{1}{n-1}\sum_{i=1}^{n} (x_i - \bar{x})^2} \tag{1-1}$$

称 σ_x 为测量列的标准偏差（简称标准差）. 它是测量次数有限多时标准误差 σ 的一个估计值.

二、平均值的标准偏差

由于真值不可知，但对物理量进行多次等精度测量，次数越多，其平均值越接近真值. 实际实验中不可能进行很多次测量，因此，用平均值表示的测量结果与真值间必存在偏差.

平均值的标准偏差为

$$\sigma_{\bar{x}} = \frac{\sigma_x}{\sqrt{n}} = \sqrt{\frac{1}{n(n-1)}\sum_{i=1}^{n} (x_i - \bar{x})^2} \tag{1-2}$$

三、测量列的算术平均偏差

$$\eta_x = \frac{1}{n}\sum_{i=1}^{n} |x_i - \bar{x}| = \sqrt{\frac{2}{\pi}}\sigma_x \approx 0.7979\sigma_x \tag{1-3}$$

我们称 η_x 为测量列的算术平均偏差. 它是测量次数有限多时算术平均误差 η 的一个估计值.

四、平均值的算术平均偏差

我们用 $\eta_{\bar{x}}$ 表示平均值的算术平均偏差，其公式为

$$\eta_{\bar{x}}=\frac{\eta_x}{\sqrt{n}}\approx 0.7979\sigma_{\bar{x}} \tag{1-4}$$

1.3.4 绝对误差 相对误差 测量的统计结果表达

误差 δ、标准误差 σ、算术平均误差 η 都被称为绝对误差，残差 d、标准偏差 σ_x、算术平均偏差 η_x、平均值的标准偏差 $\sigma_{\bar{x}}$、平均值的算术平均偏差 $\eta_{\bar{x}}$ 都被称为绝对偏差. 由于真值实际上是未知的，因此实际应用中通常把偏差说成是误差. 相对误差是绝对误差与真值的比值，相对偏差则是绝对偏差与近真值的比值.

同样地，通常把相对偏差说成相对误差. 相对误差常用百分数表示，能比较直观地报道测量的精度. 比如，某一物理量的一组测量结果的绝对误差是 0.05m，另一物理量的一组测量结果的绝对误差是 1m. 显然后者的绝对误差大，但不一定后者的测量精度低，这要看相对误差情况. 比如前者是测量篮球直径的误差，后者是测量地球直径的误差，显然后者精度远远大于前者. 因此，相对误差也是测量结果所要报道的一个内容.

这样，我们报道测量的统计结果时，包含的相关信息是：近真值、绝对误差和相对误差，表达形式为

$$\begin{cases} x=(\bar{x}\pm\Delta x)\text{单位} \\ E_x=\dfrac{\Delta x}{\bar{x}}\times 100\% \quad \text{或} \quad E_x=\dfrac{|\bar{x}-x_0|}{x_0}\times 100\% \end{cases} \tag{1-5}$$

式中，Δx 为绝对偏差，E_x 为相对偏差，x_0 为公认值.

采用不同的绝对偏差报道形式，测量的统计结果表示的方法不一样. 目前比较普遍的是用测量列平均值的标准偏差 $\sigma_{\bar{x}}$ 作为绝对误差报道测量结果的表达形式：

$$\begin{cases} x=(\bar{x}\pm\sigma_{\bar{x}})\text{单位} \\ E_x=\dfrac{\sigma_{\bar{x}}}{\bar{x}}\times 100\% \end{cases}$$

其中

$$\sigma_{\bar{x}}=\sqrt{\frac{1}{n(n-1)}\sum_{i=1}^{n}(x_i-\bar{x})^2}.$$

1.3.5 单次直接测量的误差估算

对于某些物理量的测定，往往不可能重复进行，如测定某物体在某时刻处于某地的运动速度是一瞬即过；另一些实验中，对某个物理量的精度要求不高，测量一次也可以. 在这些情况下，单次测量的误差主要取决于仪器的误差、实验者感官分辨能力及观

察时的具体条件，因此绝对误差不能用具有统计性的 Δx 表示，而主要用仪器的误差等来表达.

仪器的误差是由测量仪器的精度决定的，从仪器产品说明书中可查到. 如果没有仪器说明书或仪器的相关资料，一般可以用仪器的最小刻度表示该仪器的精度. 通常情况下，仪器的精度与仪器的最小刻度是一致的.

估读误差与实验者的感官分辨能力有关，在极限情况下，估读误差不会超过仪器最小刻度的$\frac{1}{2}$，如不会把应估读为 38.48cm 的数误读为 38.43cm，把 38.45cm 误读为 38.40cm 或 38.50cm. 因此，对于单次测量的绝对偏差，可以取仪器最小刻度值的$\frac{1}{2}$～$\frac{1}{10}$，具体应视仪器的刻度情况及个人分辨能力而定.

对于某些仪器，如跳字式停表(机械秒表)、用游标读数的仪器等无法进行估读，就取仪器的最小刻度作为单次测量的绝对偏差，并在结果表达式中注明绝对误差取的是什么.

例如，用米尺测量直径，单次，观察值为 30.02cm，测量结果可写成：

$$\begin{cases} d=(30.02\pm 0.05)\text{cm} & \left(\Delta d\ \text{取最小刻度的}\frac{1}{2}\right) \\ E=\dfrac{0.05}{30.02}=0.2\% \end{cases}$$

用感量为 20mg 的物理天平(最小刻度为 0.02g)称质量，单次，观察读数为 214.478g，结果写成：

$$\begin{cases} m=(214.478\pm 0.010)\text{g} \\ E=\dfrac{0.010}{214.478}=0.005\% \end{cases} \quad \left(\begin{array}{l}\Delta m\ \text{取指针最小分格的} \\ \frac{1}{2}\text{相应的质量，即}\frac{1}{2}\text{感量}\end{array}\right)$$

用精度为 0.02mm 的游标卡尺测量长度，单次，观察读数为 34.58mm，则结果写成：

$$\begin{cases} L=(34.58\pm 0.02)\text{mm} & (\Delta L\ \text{取游标卡尺的最小刻度}) \\ E=\dfrac{0.02}{34.58}=0.06\% \end{cases}$$

只是现在我们要记住一点，单次测量结果形式 [$x=(\bar{x}\pm\Delta x)$单位]中，Δx 为仪器误差. 为与随机误差的绝对误差 Δx 区分，我们以后用“$\Delta_{仪}$”或“Δ(仪器)”或“Δ”表示仪器误差(或称为仪器的允许误差或示值误差).

比如，游标卡尺取最小刻度 0.02mm 表示仪器误差，则其绝对误差可写为

$$\Delta_{游}=0.02\text{mm 或 }\Delta(\text{游标卡尺})=0.02\text{mm 或 }\Delta=0.02\text{mm}$$

1.3.6 间接测量的误差估算

若待测量量 N 是直接测量量 $A,B,C,\cdots$ 的函数，可测出 $A,B,C,\cdots$，然后求出待

测量量 N：

$$N=f(A,B,C,\cdots) \tag{1-6}$$

由于 $A,B,C,\cdots$各直接测量量存在测量误差，它必然会传递给间接测量量 N.

间接测量量 N 的结果也应表达为

$$\begin{cases} N=(\overline{N}\pm\Delta N)\text{单位} \\ E_N=\dfrac{\Delta N}{\overline{N}}\times 100\% \end{cases} \tag{1-7}$$

一、误差的一般传递公式(误差的传递公式)

(一) 和与差的绝对偏差等于各直接测量量的绝对偏差之和

如果 $N=A\pm B\pm C\pm\cdots$，则

$$\Delta N=\Delta A+\Delta B+\Delta C+\cdots$$

(二) 积与商的相对偏差等于各直接测量量的相对偏差之和

如果 $N=A\cdot B/C$，则

$$E_N=\frac{\Delta N}{\overline{N}}=\frac{\Delta A}{\overline{A}}+\frac{\Delta B}{\overline{B}}+\frac{\Delta C}{\overline{C}}=E_A+E_B+E_C$$

用误差传递公式计算误差的传递时，当被测量量为几个直接测量量之和或之差时，先计算绝对偏差，后计算相对偏差方便；当被测量量为几个直接测量量相乘或相除时(积和商)，则先计算相对偏差，后计算绝对偏差方便. 下面举几个例子加以说明.

例 1 用米尺测一段长度 L，因米尺不够长，需分两段测量，两段长测得的结果分别为 $L_1=(48.00\pm0.02)\text{cm}$，$L_2=(43.96\pm0.02)\text{cm}$. 求被测长度 L.

解

$$\overline{L}=\overline{L}_1+\overline{L}_2=(48.00+43.96)\text{cm}=91.96\text{cm}$$

$$\Delta L=\Delta L_1+\Delta L_2=(0.02+0.02)\text{cm}=0.04\text{cm}$$

$$E_L=\frac{\Delta L}{\overline{L}}=\frac{0.04}{91.96}=0.05\%$$

故

$$\begin{cases} L=(91.96\pm0.04)\text{cm} \\ E_L=0.05\% \end{cases}$$

例 2 测固体密度的公式为 $\rho=\dfrac{m}{V}$. 用天平称得固体的质量 $m=(38.64\pm0.05)\text{g}$，用量筒测得固体的体积 $V=(22.36\pm0.02)\text{cm}^3$. 求 ρ.

解

$$\overline{\rho}=\frac{\overline{m}}{\overline{V}}=\frac{38.64}{22.36}\text{g/cm}^3=1.728\text{g/cm}^3$$

$$E_\rho=\frac{\Delta\rho}{\overline{\rho}}=\frac{\Delta m}{\overline{m}}+\frac{\Delta V}{\overline{V}}=\frac{0.05}{38.64}+\frac{0.02}{22.36}=0.2\%$$

$$\Delta\rho=E_\rho\cdot\overline{\rho}=0.2\%\times1.728=0.004\text{g/cm}^3$$

故

$$\begin{cases} \rho=(1.728\pm0.004)\text{g/cm}^3 \\ E_\rho=0.2\% \end{cases}$$

例 3 已知间接测量量 N 有关系式 $N=A+BC$，式中 A,B,C 为直接测量量，即

$A=(\bar{A}\pm\Delta A)$,$B=(\bar{B}\pm\Delta B)$,$C=(\bar{C}\pm\Delta C)$. 求 $\Delta N, E_N$.

解 令 $BC=D$,则 $N=A+D$,$\Delta N=\Delta A+\Delta D$. 因 $D=BC$,故

$$\frac{\Delta D}{\bar{D}}=\frac{\Delta B}{\bar{B}}+\frac{\Delta C}{\bar{C}},\ \Delta D=\left(\frac{\Delta B}{\bar{B}}+\frac{\Delta C}{\bar{C}}\right)\cdot\bar{D}$$

$$\Delta N=\Delta A+\left(\frac{\Delta B}{\bar{B}}+\frac{\Delta C}{\bar{C}}\right)\cdot\overline{BC}=\Delta A+\Delta B\cdot\bar{C}+\Delta C\cdot\bar{B}$$

$$E_N=\frac{\Delta N}{\bar{N}}=\frac{\Delta A+\Delta B\cdot\bar{C}+\Delta C\cdot\bar{B}}{\bar{A}+\bar{B}\cdot\bar{C}}$$

二、标准误差的传递公式

(一) 和与差的绝对偏差等于各直接测量量的绝对偏差的“方和根”

如果 $N=A\pm B\pm C\pm\cdots$,则 $\sigma_{\bar{N}}=\sqrt{\sigma_{\bar{A}}{}^2+\sigma_{\bar{B}}{}^2+\sigma_{\bar{C}}{}^2+\cdots}$.

(二) 积与商的相对偏差等于各直接测量量的相对偏差的“方和根”

如果 $N=A\cdot B/C$, 则 $E_N=\sqrt{E_A{}^2+E_B{}^2+E_C{}^2+\cdots}$.

这里需特别注意,以上两结论都需先对同项合并后才可“方和根”. 比如 $N=A^2B$,正确的结果是 $E_N=\sqrt{(2E_A)^2+E_B{}^2}$. 如果把 $N=A^2B$ 写成 $N=A\cdot A\cdot B$,则从“积与商的相对偏差等于各直接测量量的相对偏差的方和根”的字面上理解,相对偏差的结果似乎应该为 $E_N=\sqrt{E_A{}^2+E_A{}^2+E_B{}^2}=\sqrt{2E_A{}^2+E_B{}^2}$,但这是错误的结果. 因此,在“方和根”的“方”之前,需先对同项合并. 上例把 $N=A^2B$ 写成 $N=A\cdot A\cdot B$,各直接测量量的相对偏差有三项:E_A,E_A,E_B. 同项合并,则变为两项:$2E_A$,E_B. 同项合并后才可进行“方和根”,即 $\sqrt{(2E_A)^2+E_B{}^2}=E_N$. 又比如 $N=3A+B$ 可写成 $N=A+A+A+B$,各直接测量量的绝对偏差为四项 $\sigma_{\bar{A}}$,$\sigma_{\bar{A}}$,$\sigma_{\bar{A}}$,$\sigma_{\bar{B}}$,合并同项后变为两项:$3\sigma_{\bar{A}}$,$\sigma_{\bar{B}}$,同项合并后才可进行方和根,即 $\sqrt{(3\sigma_{\bar{A}})^2+(\sigma_{\bar{B}})^2}=\sigma_{\bar{N}}$.

三、误差估算的目的及其对实验的指导意义

对误差的估算,通常可以解决两个方面的问题:一是判断实验结果的可靠程度;二是在实验前可以根据事先定出的测量精度要求,来合理选择所要用的仪器和量具的规格,确定实验方案,以指导实验的合理安排和进行.

我们应用间接测量误差传递公式,可以分析、判断各直接测量量的误差对最后结果影响的大小. 对于那些影响大的直接测量量,我们可以预先考虑措施,合理选用仪器和实验方法以减小它们的影响. 比如用单摆法测重力加速度 g,要求 g 的测量精度达到 0.4%,则可根据误差的估计来合理地选择测量仪器和测量方法.

由公式 $g=\frac{4\pi^2 l}{T^2}$ 知,可通过直接测定摆长 l 及周期 T 去确定 g. 由误差传递公式,知

$$\frac{\Delta g}{g}=\frac{\Delta l}{l}+2\frac{\Delta T}{T}$$

如果使上式右两项具有同样的准确度,这叫“误差均分原则”,即

$$\frac{\Delta l}{l}=2\,\frac{\Delta T}{T}$$

则根据要求 $E_g<0.4\%$,可知$\frac{\Delta l}{l}=2\,\frac{\Delta T}{T}<0.2\%$.

当摆长 l 在 60～100cm 以内时,用米尺测量 l 即可达到 $\Delta l<0.1\text{cm}$,从而使 $E_l<0.2\%$.

倘若用最小刻度为 0.1s 的机械秒表测量周期,秒表一次测量的误差约为0.2s(计时开始到停止计时是一次时间测量,开始按表和停止计时按表的误差各为0.1s),摆长在 1m 附近时周期约 2s,则$\frac{\Delta T}{T}=\frac{0.2}{2}=10\%$,远远不能满足$\frac{\Delta T}{T}<0.1\%$的要求.解决的办法可以用测量多个周期的时间求周期.例如,测 100 个周期时间,这样,$100T\approx 200\text{s}$,而测 $100T$ 的时间误差仍为 0.2s,则 1 个周期的时间误差就减少到$\frac{0.2}{100}\text{s}$,从而达到 g 的相对误差小于 0.4%的要求.

我们也可以用光控数字毫秒计测周期,毫秒计的测量精度为 0.001s,两次挡光时间误差不超过 0.002s,此时,测一个周期也可满足$\frac{\Delta T}{T}=\frac{0.002}{2}<0.1\%$的要求.

再如用电桥法测电阻时,通过误差计算可知,当被测电阻与标准电阻阻值相等时,测量误差最小,达到所谓的最佳测量条件.

因此,误差计算在物理实验中是很重要的一环,同学们在每个实验中要时刻记住实验是有误差的,并分析误差主要由哪几个方面产生,应如何在实验中用最直接的途径、最佳的测量条件使误差最小.

1.3.7 有效数字及其运算

一、有效数字的概念

实验中测量及实验结果的数据,一定要用正确的有效数字表示.能够正确而有效地表示测量和实验结果的数字,叫作有效数字,它通常由准确数字和一位欠准确数字构成.

例如,用米尺测一长度,如图 1-1 所示.米尺的最小分度为 1mm/格,但在最小刻度以下,还可估读一位数字,这样测得的数据为 47.3mm,其中前两位是准确的,最后一位 3 是估读的,它是欠准的,但它毕竟有一定的参考意义,比不估读要更接近实际情况,因此,这个数字 47.3 是有效的.当然,在最小分度以下估读时,应根据各人的分辨能力及实际情况决定.一般可估读到$\frac{1}{10}$最小刻度,有困难的可估读

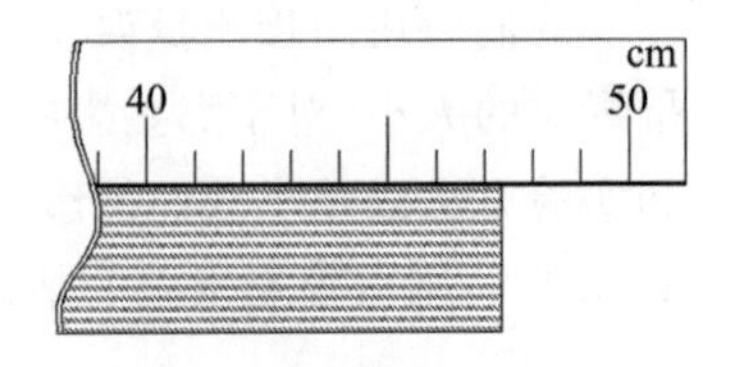

图 1-1　米尺测长度

到$\frac{1}{5}$最小刻度，最低可估读到$\frac{1}{2}$最小刻度；估读小于$\frac{1}{10}$最小刻度是不必要的. 对于不能进行估读的仪器，如停表、游标卡尺等则不必进行估读.

二、测量和数据处理中有效数字处理的基本原则

1. 正因为有效数字的位数反映了测量中所使用仪器的精度情况，因此有效数字的位数是不能任意增减的.

例如，6.36m≠6360mm，应写成：$6.36\text{m}=6.36\times10^3\text{mm}$ 的标准式. 因为前者6.36m 表示测量在 0.01m 这一位欠准，它可能是 6.37m，也可能是 6.35m，其测量结果为(6.36±0.01)m(估读至$\frac{1}{10}$最小刻度)；而 6360mm 则表示在 1mm 这一位欠准，它可能是 6359mm，也可能是 6361mm，其测量结果为(6360±1)mm(估读至最小刻度).

测同一长度，使用不同的量具，会得到不同的结果.

米尺：$L=(7.32\pm0.02)$cm，3 位有效数字.

游标卡尺：$L=(7.310\pm0.006)$cm，4 位有效数字.

千分尺：$L=(7.3102\pm0.0002)$cm，5 位有效数字.

这里，有效数字显然反映了使用仪器的精密程度. 因此，同学们在记录测量数据时，必须严格遵守“有效数字不能任意增减”这一原则.

2. 有效数字和小数点的位置无关，最左数字前的零不是有效数字，数字写成标准式，有效数字位数不变. 例如：

4.18cm=0.0418m=41.8mm，都是 3 位有效数字.

300800g=3.00800×10^2 kg，都是 6 位有效数字.

3. 有效数字的运算规则.

总的原则是：若干个有效数字进行四则运算后，其结果的准确度不会因运算而增加，但又不损害测量的精密度，一般情况下有效数字中保存一位欠准数字.

为叙述方便，这里，我们在数字下打“_”表示该数字为欠准数字.

(1) 四舍五入法则：舍去多余的欠准数字时，大于 5 进，小于 5 舍，等于 5 使前位成偶数，即“四舍六入五配偶”. 例如：

原数	四舍六入五配偶	结果
$5.41\underline{53}$	→	$5.41\underline{5}$
$5.41\underline{56}$	→	$5.41\underline{6}$
$5.41\underline{55}$	→	$5.41\underline{6}$
$5.41\underline{65}$	→	$5.41\underline{6}$
$5.41\underline{95}$	→	$5.42\underline{0}$
$5.41\underline{05}$	→	$5.41\underline{0}$

(2) 不同位数的有效数字相加减，最后结果以参与运算的有效数字小数点后位数最少的为标准，多余的四舍五入. 例如：

$1.38\underline{9}+17.\underline{2}+8.6\underline{7}+94.\underline{12}=121.\underline{379}=121.\underline{4}$

注意:欠准数与准确数相加后的数字仍为欠准数字.

(3) 由于误差本身是可疑的数字,所以表示误差一般取一位.在误差中,对有效数字取舍采用**进位法**,而不用四舍五入法,因为误差是做最坏估计的.

0.0044 四舍五入=0.004;0.0044 进位法=0.005.

由于进位会引起附加误差,在整个误差中占的百分比过大时,应多保留一位有效数字,即误差至多取两位有效数字.例如,误差数值 0.1112 按进位法取一位有效数字,则 0.1112=0.2,误差差不多扩大了一倍,此时,宜多取一位有效数字:0.1112=0.12.

(4) 在乘除运算中,其积或商的有效数字位数,一般应与参与运算的数中有效数字位数最少的一个相同.

例 4 测得长方体三个边的边长分别为

$$d=(3.85\pm0.01)\mathrm{cm},b=(9.73\pm0.01)\mathrm{cm},l=(26.19\pm0.02)\mathrm{cm},$$

试确定长方体的体积值的有效数字位数.

解 $V=dbl=3.8\underline{5}\times9.7\underline{3}\times26.1\underline{9}\mathrm{cm}^3=98\underline{1}.\underline{090495}\mathrm{cm}^3=98\underline{1}\mathrm{cm}^3$

注意:欠准数与准确数相乘的数仍为欠准数.

可见,参与运算的数中有效数字位数最少的是 d 或 b,只有三位,因此体积值的有效数字位数应取三位.

我们用误差传递公式也可判断体积的有效数字位数.体积的相对误差为

$$E=\frac{\Delta V}{V}=\frac{\Delta d}{d}+\frac{\Delta b}{b}+\frac{\Delta l}{l}=0.0044\approx0.5\%$$

故 $$\Delta V=981.090495\times0.0044\mathrm{cm}^3=4.316798178\mathrm{cm}^3\approx5\mathrm{cm}^3$$

从 $\Delta V=5\mathrm{cm}^3$ 可以看出,计算值 $V=981.090495\mathrm{cm}^3$ 的个位数上已经出现了欠准数字,根据保留一位可疑数字(欠准数字)的原则,合理的有效位数应该是三位,即取 $V=981\mathrm{cm}^3$.结果 $V=(981\pm5)\mathrm{cm}^3$,此时 $E\approx0.5\%$.

可见,用有效数字的乘除取位规则与误差传递公式判断有效数字位数本质上是一致的.

在有效数字的计算中,有些情况也可增加一位或减少一位,这里不去讨论之.

(5) 常数与有效数字运算时,应依据参与运算的有效数字位数确定结果位数.

例 5 3.145×36,如果 3.145 是测量值,而 36 是常数而非测量值,则结果不能只取两位有效数字!如常数为无限数 π、e,则 π、e 的位数应比参与运算的有效数字多取一位,结果以测量量的有效位数而定.

(6) 测量结果的表达形式 $x=(\bar{x}\pm\Delta x)$ 中,绝对偏差 Δx 与近真值 $\bar{x}$ 的小数点位数应对齐,Δx 通常只取一位有效数字,最多可取两位有效数字,近真值 $\bar{x}$ 的有效数字应由绝对偏差 Δx 决定.

例如,对某一物理量测定的近真值 $\bar{x}=456.7189$,其测量误差计算值 $\Delta x=0.026$,则说明 $\bar{x}$ 中后三位"189"已是欠准数字,所以结果形式 $x=(456.7189\pm0.026)$ 应改写成正确的有效数字形式:$x=(456.719\pm0.026)$ 或 $x=(456.72\pm0.03)$.

(7) 相对误差的有效数字位数通常取一位,最多取两位.

(8) 函数运算中的有效数字问题.

函数运算的有效数字取位,都可以用间接测量误差传递公式求出绝对误差,然后由绝对误差值决定测量数据的有效数字位数.

通常情况下,我们可以采用简单的判位方法,以近似给出有效数字的位数.下面举例说明.

例 6 测量值 1270 的对数 lg1270 应该取几位有效数字?

lg1270=3.103803721,lg1271=3.104145551,可见在小数点后第三位出现差别,因此取小数点后三位,即 lg1270=3.104.也可多保留一位,即 lg1270=3.1038.

例 7 $\sqrt{19.38}$ 取几位有效数字?

$\sqrt{19.38}=4.402272141$,$\sqrt{19.39}=4.403407771$,可见在小数点后第三位出现差别,因此取小数点后三位,即 $\sqrt{19.38}=4.402$.也可多保留一位,即 $\sqrt{19.38}=4.4023$.

例 8 $\sin 60°48'$取几位有效数字?

$\sin 60°48'=0.872922077$,$\sin 60°49'=0.873063953$,可见在小数点后第三位出现差别,因此取小数点后三位,即 $\sin 60°48'=0.873$.也可多保留一位,即 $\sin 60°48'=0.8729$.

1.3.8 实验数据的图示法与图解法

物理实验中所揭示的某些规律,既可以用数学方程式表示,也可以用图示法,即在坐标纸上描绘出各物理量之间相互关系的一条图线来表示.有了图线之后,在某些情况下,可利用图解的方法找出与实验图线对应的经验方程式或经验公式.图示法(作图法)和图解法是处理数据的重要方法,也是实验方法中的一个重要组成部分.下面简单介绍利用实验数据画实验图线的方法(图示法)和怎样由实验图线推出与其对应的经验公式(图解法).

一、图线的类型

物理实验中遇到的图线,大致可以分为三类:

1. 表示在一定条件下某物理量之间依赖关系的图线.

举例来说,要表示恒温下,质量一定的气体的压强 p 和体积 V 的关系,通常根据实验得到的许多组 p,V 值,在分别以 p,V 为纵、横轴的坐标纸上描点(因受实验条件或时间的限制,这种观测点只是少数的点子),然后画一条近似适合于这些观测点的光滑图线.我们常常假定这条图线连接了整个测量范围内所有可能的 p,V 值,同时认为不在光滑图线上的点是因为测量不准确造成的.这就是通常所说的实验图线.如果它跟波意耳定律(pV=常数)的图线相符合,则可以说波意耳定律已得到了实验证实.

延伸实验图线,以便得到实验范围外的数据方法,叫作外推法.这是一种冒险的处理法,使用时应慎重.因为外推法假定了物理定律不仅可以适用于实验范围,而且在外延的范围内也成立.但事实上并非总是这样.例如,当加在气体上的压力足够大时,气体可能液化，这时 pV＝常数就不再适用了.

2. 在少数情况下，两物理量的函数关系可能不规则，或者说依赖关系不清楚的图线，这时可将坐标纸上的点子根据观测值画出，相邻两点间直接连接起来，这种图线被称为校正图线(这种图线不是光滑的曲线，而是折线).

3. 用来代替表格上所列数据的计算用图.

例如，大气压力随高度变化的图线，液体密度随温度变化的图线等，这类图线通常是在很小刻度的坐标纸上精心绘制的.

这三类图线，在物理实验中以第一类最常用，第二、三类图线有时也会遇到.

二、实验数据的图线表示法——图示法

用图示法表述物理量之间的关系时，应注意做到以下要求：

1. 坐标点和实验图线必须画得清楚正确，要求能正确反映物理量之间的数量关系，容易读数.

2. 因为所作的图线是供人阅读的，所以必须做到清晰完整.

现以“空气压强-温度”图线为例，说明图示法的具体规则，如图 1-2 所示.

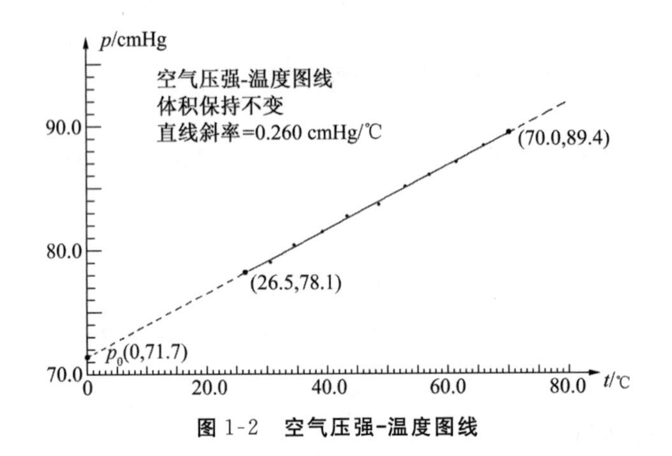

图 1-2　空气压强-温度图线

(1) 选轴. 以横轴代表自变量，纵轴代表应变量，并在坐标纸上画两条粗细适当的线表示纵轴和横轴. 在轴的末端近旁注明所代表的物理量及其单位.

(2) 定标尺. 对于每个坐标轴，在相隔一定距离上用整齐的数字来标度. 标度时要做到：

① 图线上观测点的坐标读数的有效数字位数大体上与实验测量所得数据的有效数字位数相同.

② 标度应划分得当，以不用计算就能直接读出图线上每一点的坐标为宜.

③ 应尽量使图线占据图形的大部分，不要偏于一边或一角. 两轴的标度可以不同，两轴的交点坐标也可以不为(0,0).

④ 如果数据特别大或特别小，可以提出乘积因子. 例如，提出 $\times10^{5}$，$\times10^{-2}$ 放在坐标轴物理量的右边.

(3) 描点.依据实验数据用削尖的硬铅笔在图上描点.因为图上的点不醒目,在连图线时易被遮盖,而且同一图上有几条图线时点子可能混淆,故常以该点为中心,用+、×、⊙、△、□等符号中的任一种符号标明.符号在图上的大小,由该两物理量的最大绝对误差决定.在同一图线上的观测点要用同一种符号.如果图上有两条图线,则应用两种不同符号,以示区别,并在图纸上的空白位置注明符号所代表的内容.

(4) 连线.除了作校正图线时相邻两点一律用直线连接外,一般来说,连线时应尽量使图线紧贴所有的观测点通过(但应当舍弃严重偏离图线的某些点),并使观测点均匀分布于图线的两侧.方法是:用透明的直尺或曲线板,眼睛注视着点子,当直尺或曲线板的某一段跟观测点的趋向一致时,再用削尖的铅笔连成光滑图线.如欲将图线延伸到测量数据范围之外,则应依其趋势用虚线表示.

(5) 写图名.在图纸顶部附近空旷位置写出简洁而完整的图名.一般将纵轴代表的物理量写在前面,横轴代表的物理量写在后面,中间用符号"-"连接.在图名的下方允许附加必不可少的实验条件或图注.

三、在选取作图用的数据时应注意的几点

1. 所测点子越多,所作曲线当然越精确,但由于测量次数总是有限的,因此必须考虑如何以较少的点子作出比较正确的曲线.这与点子的分布有关:对比较平直的曲线,可以均匀地选取数据,或者两端多取几对数据;对弯曲的曲线,则在曲率较大的地方,特别是曲线的转折点附近,多取几对数据.

2. 在可能条件下,对自变量和应变量的每一对数据,应重复测量,求其算术平均值,用这平均值在坐标上点出点子作图.

3. 在条件许可时,可一面测量,一面作图.凡发现可疑地方,可立即补测实验数据或重复测量,以免最后发现错误而前功尽弃.

1.3.9 测量不确定度评定与表示

前面介绍了实际测量中存在有三种误差,即随机误差、系统误差和粗差.粗差我们必须避免和剔除.随机误差不可避免,但我们可以用统计方法处理(本课程只要求用高斯分布处理).系统误差不服从统计规律,对有规律可循的系统误差(称为可定系统误差),可以用前面介绍的办法消除;但对不能掌握其规律的系统误差(称为未定系统误差),它们必然对测量的总结果造成很大的精度影响.显然,仅用测量的统计结果形式表达测量结果的可靠性是不完善的(测量的统计结果表达,是认为实验中没有系统误差,只有随机误差,因而误差分布服从统计规律,比如高斯分布).

为了更全面、更准确和全球统一化,提出了采用不确定度来合理表述被测量的值的分散性,把不确定度作为表征测量总结果的一个重要参数.

一、有关不确定度的简单历史

长期以来,各国对测量结果评定形式多样,没有统一的标准,国际交流存在困难.

1978年,国际计量大会委托国际计量局联合各国国家计量标准实验室一起共同研究制定一个表述不确定度的指导性文件.在做调研和征集意见后,国际计量局于1980年简明扼要地制定出《实验不确定度的规定建议书INC-1(1980)》,以此作为各国计算不确定度的共同依据.在此基础上,国际标准化组织牵头,国际法制计量组织、国际电工委员会和国际计量局等一起参与,制定出一个更详细、更实用、更具有国际指导性的文件——《测量不确定度表达指南(1992)》.1993年,国际理论与应用物理联合会、国际理论与应用化学联合会等一些国际组织都实行此指南,作为制定检定规程和技术标准必须遵循的文件.

《测量不确定度表达指南(1992)》对不确定度表达赋予了新内容,规定了计算方法,它是国际和国内各行业表达不确定度最具有权威的依据.

在我国,计量科学院于1986年发出了采用不确定度作为误差数字指标名称的通知.1992年10月1日开始执行国家计量技术规范JJG1027—1991《测量误差及数据处理(试行)》,规定测量结果的最终表示形式用总不确定度和相对不确定度表达.

二、本课程教学对应用不确定度的基本要求

测量不确定度表达,涉及深广的知识领域和误差理论,大大超出了本课程的教学范围.同时有关它的概念、理论和应用规范还在不断地发展和完善.因此,本课程教学中要真正采用不确定度来评定测量结果尚有困难.

对实验初学者,要学习和掌握的实验知识、实验技术和技能等内容很多,在不确定度表述和计算等方面,我们仅要求在确保科学性的前提下,尽量把方法简化,以使初学者易于接受.

同学们在学习时,对测量不确定度评定,可以先建立必要的概念,有一个初步的基础即可.以后工作需要时,可以参考相关资料[刘智敏,陈坤尧,翁怀真,等.测量不确定度手册[M].北京:中国计量出版社,1997;刘智敏.测量统计标准及其在认可认证中的应用[M].北京:中国标准出版社,2001].

三、测量不确定度评定的基本概念及测量不确定度表示

(一)测量不确定度

测量不确定度用以表征合理赋予被测量的值的分散性,它是测量结果含有的一个参数.

最理想的测量是获得被测量量在测量条件下的最佳值(近真值).但实际测量时,由于原理、方法、实施方案的不理想,实验装置体现实验原理、方法的不完善,读数的偏差,仪器的基本误差,仪器的不稳定性,调整仪器和操作实验的不完善,环境及其他的偶然变化,借用值的不确定度,标准物的不确定度等原因,都将使测量值偏离真值,因而测得值不能准确表达真值.在报道被测量量的测量结果时,因为报道的是被测量量的近似值,所以应同时报道对它的可靠性的评价,即给出对此测量质量的指标.

测量不确定度就是测量质量的指标,也即是对测量结果残存误差(近真值与真值

的偏差)的评估.

(二) 标准不确定度

当以标准偏差(简称标准差)表示测量结果的不确定度时,称为标准不确定度.

实验不确定度的来源可有多个,但评定不确定度的方法只有两种,即不确定度的A类评定和B类评定.

(三) 不确定度的A类评定(简称A类评定)

A类评定是指对由观测列统计、分析所做的不确定度评定.我们用符号 $u_A(x)$ 来表示物理量 x 的测量不确定度的A类评定.

由于各种随机因素使重复测量的测量值分散开,前面学过标准偏差(简称标准差),它表示了测量值的分散情况,是对测量数据的统计分析,亦即标准偏差表达了由于随机因素引入的不确定度.具体地说,我们用平均值的标准偏差对测量进行评定称为测量不确定度的A类评定,即

$$u_A(x) = \sigma_{\bar{x}} = \sqrt{\frac{1}{n(n-1)}\sum_{i=1}^{n}(x_i - \bar{x})^2} \tag{1-8}$$

(四) 不确定度的B类评定(简称B类评定)

由不同于观测列统计、分析所做的不确定度评定称为不确定度的B类评定.我们用符号 $u_B(x)$ 来表示物理量 x 的测量不确定度的B类评定.

比如测量存在未定系统误差时,这时不能用统计的方法评定不确定度,这一类的评定就是B类评定.因此,B类评定不是由于随机因素引入的不确定度,不能用统计方法去计算.

B类评定,有的依据计量仪器说明书或检定书,有的依据仪器的准确度等级,有的则粗略地依据仪器分度或经验.从这些信息中可以获得仪器的极限误差(简称仪器误差或允许误差或示值误差),我们用 Δ 或 $\Delta_{仪}$ 或 Δ(仪器)表示之.

如果误差的出现使得物理量示值出现在区间 $[\bar{x}-\Delta, \bar{x}+\Delta]$ 内各处机会相等,而在区间外不出现,我们称此类误差服从均匀分布.

评价仪器极限误差 Δ 带来的标准不确定度,用 Δ 除以一个常数 k 表示.k 的取值取决于仪器误差所服从的分布规律.

$$u_B(x) = \frac{\Delta}{k}$$

式中,Δ 为仪器误差(或仪器的极限误差).

通常可简单认为仪器误差服从均匀分布,这种情况下常数 k 取 $\sqrt{3}$,即误差均匀分布的B类不确定度为

$$u_B(x) = \frac{\Delta}{\sqrt{3}} \tag{1-9}$$

例如,用最小分度值为0.02mm的游标卡尺测长度时,按国家计量技术规范,其示值误差在±0.02mm以内,则极限误差(仪器误差)为 Δ=0.02mm;由游标卡尺引入的标准不确定度为 $u_B(x) = \frac{\Delta}{\sqrt{3}} = \frac{0.02}{\sqrt{3}}\text{mm} = 0.012\text{mm}$.

（五）直接测量的合成标准不确定度

测量结果的不确定度是各来源不确定度的综合效应，各来源标准不确定度的综合就称为合成不确定度，我们用符号 $u_C(x)$ 来表示物理量 x 的测量合成标准不确定度.

例如，用螺旋测微器测钢球的直径，不确定度的来源有：重复测量读数（A 类评定），螺旋测微器的固有误差（B 类评定）. 又如，用天平称一物体的质量，不确定度的来源有：重复测量读数（A 类评定），天平不等臂（B 类评定），砝码的标称值的误差（B 类评定），空气浮力引入的误差（B 类评定），等等.

由于各来源的误差有正有负，所以标准不确定度的合成不能用简单的算术相加，而采取几何相加的“方和根”法.

设各来源的标准不确定度分别为 $u_1(x), u_2(x), \cdots, u_i(x), \cdots, u_k(x)$，则合成标准不确定度为

$$u_C(x) = \sqrt{\sum_{i=1}^{k} u_i^2(x)} \tag{1-10}$$

如果先将各来源的标准不确定度划归入 A 类评定和 B 类评定，则合成标准不确定度为

$$u_C(x) = \sqrt{u_A^2(x) + u_B^2(x)} \tag{1-11}$$

类似于相对误差，我们也有相对不确定度的概念，我们用带下标 r 的符号 $u_r(x)$ 表示相对不确定度，括号中的 x 为被测物理量的名称. $u_r(x) = \dfrac{u_C(x)}{\text{近真值}}$，用百分数表示.

（六）间接测量的不确定度传递（也称不确定度的合成传递）

如果间接测量量是直接测量量的函数 $y = f(x_1, x_2, \cdots, x_m)$，则间接测量量的最佳估计 $\bar{y}$ 由直接测量量的最佳估计 $(\bar{x}_1, \bar{x}_2, \cdots, \bar{x}_m)$ 给出，即

$$\bar{y} = f(\bar{x}_1, \bar{x}_2, \cdots, \bar{x}_m) \tag{1-12}$$

显然，y 的不确定度取决于 $x_1, x_2, \cdots, x_m$ 的不确定度.

设任一直接测量量 x_i 的标准不确定度为 $u_C(x_i)$，则 y 的不确定度 $u(y)$ 是各直接测量量的不确定度的合成：

$$u(y) = \sqrt{\sum_{i=1}^{m}\left(\frac{\partial f}{\partial x_i}\right)^2 u_C^2(x_i) + 2\sum_{i=1}^{m-1}\sum_{j=i+1}^{m}\frac{\partial f}{\partial x_i}\frac{\partial f}{\partial x_j}R_e(x_i, x_j)u_C(x_i)u_C(x_j)} \tag{1-13}$$

式中，$R_e(x_i, x_j)$ 为 (x_i, x_j) 估计的相关系数.

如各物理量之间相关系数为零，则式(1-13)变为

“方和根合成”法
$$u(y) = \sqrt{\sum_{i=1}^{n}\left(\frac{\partial f}{\partial x_i}\right)^2 u_C^2(x_i)} \tag{1-14}$$

如各物理量之间相关系数为 1，且 $\dfrac{\partial f}{\partial x_i} \cdot \dfrac{\partial f}{\partial x_j}$ 大于零；或各物理量之间相关系数为 -1，且 $\dfrac{\partial f}{\partial x_i} \cdot \dfrac{\partial f}{\partial x_j}$ 小于零，则式(1-13)变为

"线性和"法
$$u(y)=\sum_{i=1}^{n}\left|\frac{\partial f}{\partial x_i}\right|u_C(x_i) \tag{1-15}$$

我们仅要求掌握式(1-14)的"方和根合成"法.

关于间接测量量不确定度的"方和根合成"法,计算不确定度的技巧类同于标准误差的传递公式的两个重要的推论.

(1) 和与差的不确定度等于各直接测量量的不确定度的"方和根".即如果 $y=x_1\pm x_2\pm\cdots$,则 $u(y)=\sqrt{u_C^{\,2}(x_1)+u_C^{\,2}(x_2)+\cdots}$.

(2) 积与商的相对不确定度等于各直接测量量的相对不确定度的"方和根".即如果 $y=\frac{x_1\cdot x_2}{x_3}$,则 $u_r(y)=\frac{u(y)}{\bar{y}}=\sqrt{u_r^{\,2}(x_1)+u_r^{\,2}(x_2)+u_r^{\,2}(x_3)+\cdots}$.

这里同样需特别注意,要先同类项合并后才可进行"方和根".比如 $N=x^2y$,正确的结果是 $u_r(N)=\sqrt{[2u_r(x)]^2+u_r^{\,2}(y)}$,而不是 $u_r(N)=\sqrt{2u_r^{\,2}(x)+u_r^{\,2}(y)}$;又比如 $N=2A+B$,则 $u(N)=\sqrt{[2u(A)]^2+u^2(B)}$,而不是 $u(N)=\sqrt{2u^2(A)+u^2(B)}$.

(七) 用不确定度评定测量的结果报道形式

结果必须给出最可信赖值(即近真值)、最可信赖值的不确定度以及相对不确定度.我们要求掌握的结果报道形式为

$$\begin{cases} x=[\text{近真值}\pm u_C(x)]\text{单位} \\ \text{相对不确定度 } u_r(x)=\dfrac{u_C(x)}{\text{近真值}}\times100\% \end{cases} \tag{1-16}$$

注意:(1) 不确定度最多保留两位有效数字.

(2) 上述报道形式是对我们初学者的要求,仅需给出三部分内容:近真值、合成标准不确定度和相对不确定度.

(八) 注意事项

评定不确定度前,应将所有修正值予以修正(即将可定系统误差进行消除),并将所有测量离群值剔除(即按照剔除粗差的方法剔除粗差).

不确定度只能在数量级上对测量结果的可靠程度做出一个恰当的评价,因此它的数值没有必要计算得过于精确.通常约定不确定度和误差最多用两位有效数字表示,而且在运算过程中只需取两位(或最多取三位)数字计算即可满足要求.

从前面分析可见,以前学过的平均值的标准偏差及其间接测量标准偏差的传递实际上就是服从高斯分布的标准不确定度的A类评定内容,只是前面没有提及这个名字罢了.

(九) 测量不确定度评定及表示的举例

这里给出一个实例,请同学们仔细体会如何应用不确定度进行测量评定及表示,并且体会一下列表记录数据及处理数据的技巧和格式.

例9 室温下测定超声波在空气中的传播速度(实验目的).

实验原始数据如表1-1所示.

表 1-1　室温 23℃下测量波长 λ 的原始数据表

i	1	2	3	4	5	6	7	8	9	10
λ/cm	0.6872	0.6854	0.6840	0.6880	0.6820	0.6880	0.6852	0.6868	0.6880	0.6876
超声波频率 $f=(5.072\pm0.005)\times10^4$ Hz，游标卡尺仪器误差取 $\Delta=0.002$cm										

分析：根据实验目的，我们要报道出室温 23℃下超声波在空气中传播速度的测定结果.

测出波长，已知频率，则波速 $v=\lambda f$ 可算，因此波速是间接测量量.

我们采用列表法处理数据.

处理数据的思路：在草稿纸上计算波长平均值和各次波长测量的残差平方 $d_i^{\ 2}=(\bar{\lambda}-\lambda_i)^2$，根据计算要求设计和改进原始数据表格，把计算出的值填入新表格内，如表 1-2 所示.

注意：表格下面的有关计算不必给出详细的计算过程，只要给出公式后直接写出结果就行. 为了让同学们了解表格下面数据的来源，我们在草稿纸上做如下计算：

波长的 A 类不确定度 $u_A(\lambda)=\sigma_{\bar{\lambda}}=\sqrt{\dfrac{1}{10\times(10-1)}\sum\limits_{i=1}^{10}d_i^{\ 2}}=\dfrac{1}{3}\sqrt{\dfrac{1}{10}\sum\limits_{i=1}^{n}d_i^{\ 2}}$.

上式中的 $\dfrac{1}{10}\sum\limits_{i=1}^{n}d_i^{\ 2}$ 即是表格中残差平方的平均$=371.6\times10^{-8}\text{cm}^2$，所以

$$u_A(\lambda)=\sigma_{\bar{\lambda}}=\frac{1}{3}\times\sqrt{371.6\times10^{-8}}\text{cm}=0.00064\text{cm}.$$

波长的 B 类不确定度按式(1-9)计算，即 $u_B(\lambda)=\dfrac{\Delta}{\sqrt{3}}$. Δ 取测波长用的游标卡尺的仪器误差 0.002cm.

超声波传播速度 $v=\lambda f$ 是间接测量量，其不确定度的评定，先计算相对不确定度，可利用推论“积与商的相对不确定度等于各直接测量量的相对不确定度的方和根”计算.

表 1-2　室温 23℃下测量波长 λ 的数据处理表

i	1	2	3	4	5	6	7	8	9	10	平均值
λ/cm	0.6872	0.6854	0.6840	0.6880	0.6820	0.6880	0.6852	0.6868	0.6880	0.6876	0.6862
$d_i^{\ 2}$ /($\times10^{-8}\text{cm}^2$)	100	64	484	324	1764	324	100	36	324	196	371.6
超声波频率 $f=(5.072\pm0.005)\times10^4$ Hz，游标卡尺仪器误差取 $\Delta=0.002$cm											

计算：波长的 A 类不确定度：$u_A(\lambda)=\sigma_{\bar{\lambda}}=\sqrt{\dfrac{1}{10\times(10-1)}\sum\limits_{i=1}^{10}d_i^{\ 2}}=0.00064\text{cm}$.

波长的 B 类不确定度：$u_B(\lambda)=\dfrac{\Delta}{\sqrt{3}}=0.0012\text{cm}$.

波长的合成不确定度：$u_C(\lambda)=\sqrt{u_A^{\ 2}(\lambda)+u_B^{\ 2}(\lambda)}=0.0014\text{cm}$.

波长的相对不确定度：$u_r(\lambda)=\frac{u_C(\lambda)}{\bar{\lambda}}=0.21\%$.

所以，波长的测量结果：$\begin{cases}\lambda=(0.6862\pm0.0014)\text{cm},\\u_r(\lambda)=0.21\%.\end{cases}$

波速的近真值：$\bar{v}=\bar{\lambda}\cdot\bar{f}=0.6862\times10^{-2}\times5.072\times10^{4}\text{m/s}=348.04\text{m/s}$.

波速的相对不确定度：
$$u_r(v)=\frac{u(v)}{\bar{v}}=\sqrt{u_r^{\ 2}(\lambda)+u_r^{\ 2}(f)}$$
$$=\sqrt{(0.21\%)^2+(0.005/5.072)^2}=0.24\%.$$

波速的不确定度：$u(v)=u_r\cdot\bar{v}=0.24\%\times348.04\text{m/s}=0.84\text{m/s}$.

所以，波速的测量结果：$\begin{cases}v=(348.04\pm0.84)\text{m/s},\\u_r=0.24\%.\end{cases}$

1.4 物理实验中常用的实验测量设计方法简介

一、积累法

某些物理量的测量，在现有仪器的准确度内难以测得正确，或人的判断能力限制难以判准，若将这些物理量积累后求平均，可以减小相对误差. 例如，用秒表测单摆、三线摆测周期时，如测一次全振动的时间，其时间误差很大，但可测 $n=50\sim100$ 乃至更多个全振动的时间 $t=nT$，从而求出周期 $T=\frac{t}{n}$. 又如液体表面张力实验中，用天平称小钢珠的质量，由于天平灵敏度(感量)限制，如只测一只钢珠的质量，误差很大，我们可以称 10～20 个甚至更多钢珠的质量 M，则每个钢珠的质量为 $m=\frac{M}{n}$(n 为所称钢珠个数)，减小了相对误差(提高了结果的有效数字位数).

二、控制法

在一些实验中，往往存在多种变化因素，为了研究某些量之间的关系，可以先控制一些量不变，依次研究某一个因素的影响. 例如，验证牛顿第二定律 $F=ma$，可先保证 m 不变，研究 F 与 a 的关系，再保证 F 不变，研究 m 与 a 的关系. 研究电子束的电偏转实验中偏转位移 D 与偏转电压 U_d 和加速电压 U_2 的关系时，也采用了控制法.

三、放大法

在现象、变化、待测量量很微小的情况下，可采用"放大"的方法. 例如，游标卡尺、千分尺是长度的"机械放大"，望远镜、显微镜、光杠杆是"光放大"，光点检流计则是"电放大"与"光放大"的综合.

四、转换法

某些量不容易直接测量，或某些现象直接显示有困难，可以把所要测的量转换成其他量进行间接观察和测量，这就是转换法. 例如，光强分布可用光电池作转换器，靠检流计显示或靠示波器显示，钢丝拉伸微小量可借光杠杆放大显示等. 所有的间接测量利用的都是转换法.

五、平衡法

利用一个量的作用与另一个或几个量的作用相同、相当或相反来设计实验测量. 例如，弹簧秤、天平、温度计等的设计即采用了力的平衡、力矩的平衡、热平衡，惠斯登电桥和电位差计则利用了电路的平衡.

六、比较法

比较法是在一定的条件下找出研究对象之间的同一性和差异性. 比较的形式灵活多样，可以比较某物理现象在实验时间内前后的变化情况，也可同时对几类物理对象的现象、变化过程进行比较，也可以比较同一对象在不同条件下的变化情况，等等. 例如，凸透镜成像实验中，比较物体在 $u>2f$、$f<u<2f$ 和 $u<f$ 三种情况下，通过透镜所成像的不同，从而总结出凸透镜成像的规律和特点.

七、留迹法

在物理实验中，有些现象瞬息即逝，如运动物质所处的位置、轨迹或图像等，用一定的方法记录下来，然后通过测量或观察来进行研究，就是留迹法. 例如，用示波器观察波形是留迹测量的方法，电脑通用计数器靠单片机存储数据也属于留迹法，等等.

八、模拟法

一个物理量难以直接测量，可设计一个类似于被测量量运动规律的物理量进行模拟测量，这就是模拟法. 例如，静电场的模拟实验等.

九、非电学量的电测法

许多物理量，如位移、速度、加速度、压强、温度、光强等，都可经过传感器转换为电学量进行测量，此即为非电学量的电测法. 一般说来，非电学量电测系统应包括传感器、测量电路、指示仪表、记录仪表和数据处理仪器等.

例如，声速测定，借助于压力传感器测波腹，光电池作为传感器把光强转变为与光强成一定关系的电流等，都是非电学量的电测法.

1.5 物理实验数据处理的基本方法简介

测量数据的处理包含十分丰富的内容. 例如，数据的记录、描绘，从带有误差的数据中，验证和寻找经验规律，外推实验数值，等等. 这里我们结合物理实验的基本要求，介绍一些最基本的实验数据处理的方法.

一、列表法

列表法就是把数据按一定规律列成表格，这是在记录实验原始数据和处理实验数据时最常用的方法，又是其他数据处理方法的基础，应当熟练掌握. 列表法的优点是对应关系清楚、简明，也有助于发现实验中的规律.

列表时的注意事项：

(1) 表格设计要合理、简明，重点考虑如何能完整地记录原始数据及揭示相关量之间的函数关系.

(2) 表格的标题栏中要注明物理量的名称、符号和单位(单位不必在数据栏中重复书写，物理量的名称常常可用符号取代，但符号的含义须在有关实验原理叙述中讲明).

(3) 数据要正确反映测量结果的有效数字.

(4) 提供与表格有关的说明和参数. 包括表格名称、主要测量仪器的规格、有关测量的环境参数和其他需要引用的常量和物理量等.

(5) 为了揭示或说明物理量之间的联系，可以根据需要增加除原始数据以外的处理结果. 列表法还可用于实验数据的运算、图示等.

二、图示法

所谓图示法，就是把实验数据用自变量和因变量的关系作成曲线以便反映它们之间的变化规律或函数关系. 根据图示曲线，可直观表示一些规律，还可将图线改直，寻找经验公式.

三、最小二乘法和一元线性回归

从含有误差的数据中，寻求经验方程或提取参数是实验数据处理的重要内容，也称回归问题. 事实上，用作图法获得直线的斜率和截距就是一种平均处理的方法，但这种方法有相当大的主观性，结果往往因人而异. 最小二乘法是一种比较精确的曲线拟合方法. 它的判据是：对等精度测量，若存在一条最佳的拟合曲线，那么各测量值与这条曲线上对应点之差的平方和应取极小值；对不等精度测量，各测量值与这条曲线上对应点之差的加权平方和应取极小值.

四、逐差法

在一些特定条件下，可以用简单的代数运算来处理一元线性回归问题. 逐差法就是其中的方法之一，它比作图法精确，与最小二乘法的结果接近，在物理实验中也经常使用. 隔项逐差法能充分应用实验数据，计算也比较简单，但要注意，采用逐项逐差法时须谨慎，避免遗失数据. 实验时应根据不同的需要选择隔项或逐项逐差法.

1.6 实验报告范例

实验名称 用模拟法测绘静电场

一、实验目的

1. 学习用模拟法描绘和研究静电场的原理和方法.
2. 用模拟法测绘同轴圆柱的电场.
3. 加深对电场强度和电位概念的理解.

二、仪器和用具

模拟静电场描绘仪(包括电极架、电极、探针、导电玻璃)、模拟静电场电源与测量仪.

三、实验原理

1. 内外半径分别为 r_1 和 r_2 的同轴圆柱的静电场在其中间的电位分布(内部电位为 U_1，外部电位为 $U_2=0$)为：$U_r=\dfrac{\ln(r_2/r)}{\ln(r_2/r_1)}\quad(r_1\leqslant r\leqslant r_2)$.

如果测量出静电场中的等电位点，这些等电位点组成等电位线(面)，根据电场线与等位线(面)处处垂直的性质，就可以画出电场线.

2. 内外半径分别为 r_1 和 r_2 的同轴圆柱在其中间充满均匀的导电介质，当内圆柱和外圆柱间加一电源，外加电位为 U_1，其空间的电位分布为：$U_r=\dfrac{\ln(r_2/r)}{\ln(r_2/r_1)}(r_1\leqslant r\leqslant r_2)$. 因此，可以用有电流通过的电流场模拟静电场，即电流场与静电场等同.

四、实验内容和步骤

1. 取一张 $20\times20\text{cm}^2$ 的坐标纸，在其中心画一“+”，以此为中心用铅笔画一个大米字线，将米字线中心对下层圆心(可借上下探针对准)，并用磁条压紧.

2. 调节探针，使上下探针在同一垂直线上，下探针与导电玻璃接触良好，上探针与坐标保持 1～2mm 的距离.

3. 打开模拟静电场描绘仪专用电源，将转换开关打到“内”，调节电压为 15.00V，使中心电极的电压 $U_1=15.00$V.

4. 将转换开关由“内”打到“外”，这时模拟静电场描绘仪专用电源一方面充当电源，同时可以测量电流场中某点的电位. 移动探针位置，在米字线附近找到电位为 2.00V的点，用上探针扎孔为记(8 个点).

5. 移动探针位置，在米字线上找到电位为 4.00V，6.00V，8.00V 的点，用上探针扎孔为记.

6. 关掉电源，取下坐标纸，量出各个电位的 8 个等位点到中心的距离，求平均距离 r(各等位线应该是圆)，用测量得出的平均距离 r 计算该处的电位理论值 U_{r0}，并与实验值 U_r 比较，计算出相对误差 $E\left(E=\dfrac{U_{r0}-U_r}{U_{r0}}\times 100\%\right)$.

7. 用制图工具将各等位点连成等位线，即形成 2.00V，4.00V，6.00V，8.00V 的等位线. 利用静电场中电场线与等位线垂直的关系，作出相应的电场线，即描绘成为一张完整的同轴电缆的静电场分布图.

8. 以 $\ln r$ 为横坐标、U_r 和 U_{r0} 为纵坐标，在同一张坐标纸上作实验和理论曲线.

五、数据记录及处理

1. $U=15.00$V，内半径 $r_1=5.0$mm，外半径 $r_2=75.0$mm.

U_r /V	等位点半径 r_1/mm									$\ln r$	U_{r0}	E
	1	2	3	4	5	6	7	8	$\bar{r}$			
2.00	50.5	50.0	49.0	48.0	47.0	46.5	48.0	45.9	48.1	3.87	2.46	18.6%
4.00	32.5	29.0	28.1	32.0	30.5	32.2	32.6	29.0	30.7	3.42	4.95	19.2%
6.00	22.8	22.0	19.0	21.0	20.3	22.0	23.8	24.2	21.9	3.09	6.82	12.5%
8.00	11.7	14.8	13.2	13.0	13.3	14.0	14.2	15.2	13.7	2.62	9.47	15.0%

2. 以 $\ln r$ 为横坐标、U_r 和 U_{r0} 为纵坐标，作实验和理论曲线.

六、思考题

1. 模拟场电源电压的增减是否影响等位面的形状？

答：模拟场电源电压的增减不影响等位面的形状. 因为模拟场电源的电压的改变仅仅相应改变等位点的电位，整体相对位置不会变化.

2. 如果电极和导电介质接触不良或导电介质不均匀，会对实验结果有何影响？为什么？

答：如果电极和导电介质接触不良或导电介质不均匀，会对实验结果造成很大偏差. 因为这时测量的等位点与理论计算将有很大误差，等位线将与理论上以中心为圆心的圆很不符合.

第2章 基本仪器

2.1 力学和热学实验基本仪器

这里主要介绍长度、时间、质量、温度、湿度、气压等基本物理量的测量用具和使用方法等.

2.1.1 游标卡尺 角游标 螺旋测微器

测量长度的量具、仪器和方法多种多样，通常需要根据待测量量的长短和测量准确度要求来选择.长度测量用具有米尺(钢直尺、钢卷尺)、游标卡尺、螺旋测微器(也称千分尺)、比长仪、电感式和电容式测长仪、干涉仪以及光电测距仪等.许多物理量(如温度、压力、电压和电流等)的测量往往可以转变为长度量的测量.一些仪器如气压计、测高仪、球径计、测试计、分光计、干涉仪、摄谱仪和经纬仪等，它们的读数系统都装有游标或螺旋测微装置.对于微小长度的测量，可以借助光学放大的方法，如读数显微镜、测微显微镜和干涉仪等进行，然而这些光学仪器的读数系统也是以游标和螺旋测微装置为基础的.因此，游标卡尺和螺旋测微器是测长的基本测量用具.

一、游标卡尺

游标卡尺也叫游标尺，主要由主尺 T 和游标 L 组成，如图 2-1 所示.在主尺上有两个固定量爪 A、A′，还有两个量爪 B、B′固定在游标上，游标可沿主尺平行移动.另外，还有一条测深尺 C 和游标连接在一起.通常用量爪 A、B 来测量外径或宽度；用量爪 A′、B′来测量内径或内空；用测深尺 C 来测筒或槽的深度；在游标上还有一个固定螺丝 D，用于在反复测量某一长度时将游标固定在主尺上.

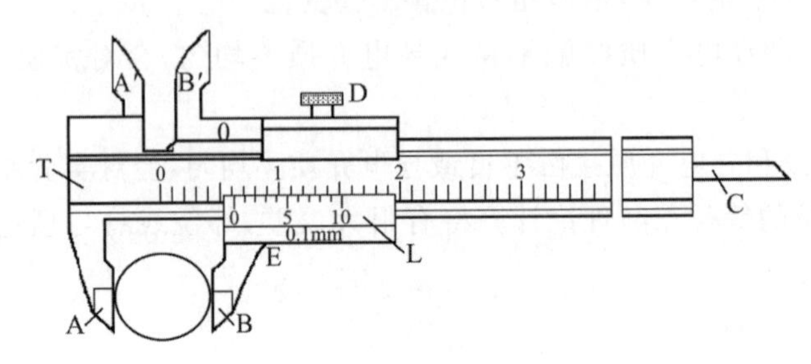

图 2-1 游标卡尺

为什么使用游标卡尺比用米尺测量长度更准确？要了解这一点，首先必须了解游标卡尺的读数原理．主尺上的刻度尺与米尺是相同的，最小分度值是 1mm．游标上也有刻度尺，尺上有 n 个分度（n 可以是 10，20，50 等），即将刻度尺分成 n 个小格，设每一个小格的长度为 x．游标上 n 个分度与主尺上（$n-1$）个分度的长度相等．设主尺上一个分度长为 y，则 $nx=(n-1)y$，所以

$$y-x=\frac{y}{n}=\delta$$

即主尺上一个分度与游标上一个分度的差值 $\delta=y-x=\frac{y}{n}$，称 δ 为游标卡尺的精确度或准确度，一般游标卡尺的精确度会在游标上标出．图 2-1 中游标上刻的“0.1mm”即表示这把游标尺的精确度 $\delta=0.1$mm．

现在以最简单的图 2-1 的游标卡尺（$n=10$）为例加以说明．其他游标卡尺可以依此类推．

主尺上一个分度长为 1mm，那么 $n=10$ 的游标上 10 个分度的总长为（$n-1$）个主尺分度长，即 9mm，也即游标上一个分度长为 0.9mm，因此 $\delta=0.1$mm．

当量爪 A、B 合拢时，游标上的“0”刻度线与主尺上的“0”刻度线重合，这时游标上第一条刻度线位于主尺上第一条刻度线左边 0.1mm 处；游标上第二条刻度线在主尺上第二条刻度线左边 0.2mm 处……依次类推，游标上第十条刻度线则与主尺上第九条刻度线对齐，如图 2-2(a)所示．

假如我们放一块 $d=0.5$mm 厚的物体在量爪 A、B 之间，如图 2-2(b)所示，则游标相应向右移动 0.5mm，这时，游标上第五条刻度线就和主尺上第五条刻度线对齐了．反之，如果在测量某一物体时，发现游标上第五条刻度线和主尺上第五条刻度线对齐时，所测物体的厚度就是 0.5mm 了．

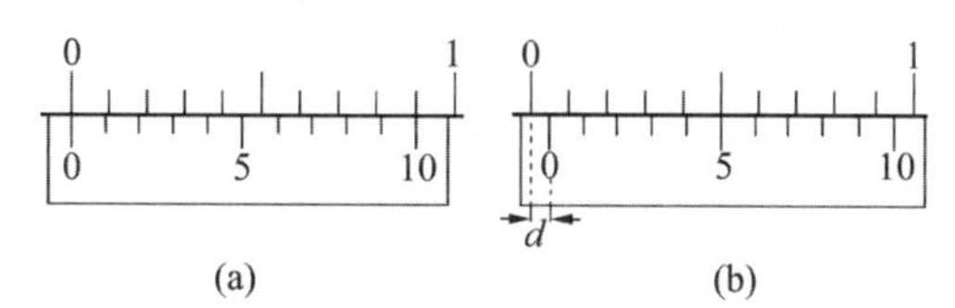

图 2-2　游标卡尺的读数原理

对于 1mm 以上长度的测量，则先根据游标“0”线位置定出长度的整数部分，再观察游标上哪一条刻度线与主尺上哪一条刻度线对齐，从而得出小数部分，然后整数部分和小数部分相加，就是测量结果．它可用一个普遍的表达式表示为

$$l=ky+p\delta$$

式中，k 是游标的“0”刻度线位于主尺上的整毫米数；p 表明游标上第 p 条刻度线和主尺上某一条刻度线对齐；y 是主尺上每一分度长，这里 $y=1$mm；δ 为所用游标卡尺的精确度．

为了熟悉读数规律，下面对不同型号的游标卡尺进行读数举例．

图 2-3(a)游标上格数为 $n=10$，可知 $\delta=0.1$mm，可以看出 $k=32$，$p=8$，所以读数为$(32\times1+8\times0.1)$mm$=32.8$mm．图 2-3(b)游标上格数为 $n=20$，可知 $\delta=0.05$mm，

可以看出 $k=61$，$p=6$，所以读数为$(61\times1+6\times0.05)$mm$=61.30$mm. 图 2-3(c)游标上格数为$n=50$，可知 $\delta=0.02$mm，可以看出 $k=53$，$p=25$，所以读数为$(53\times1+25\times0.02)$mm$=53.50$mm.

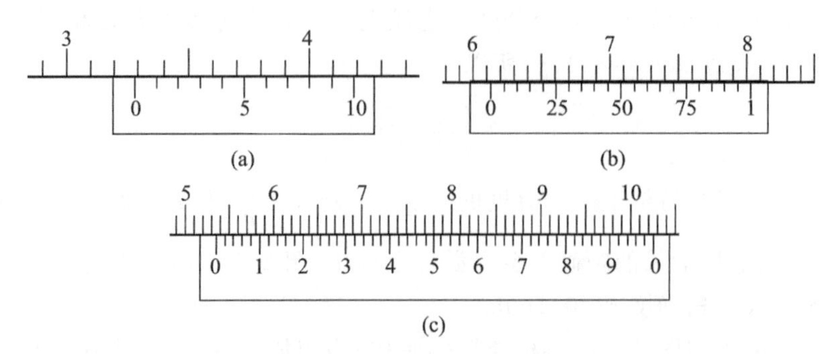

图 2-3　游标卡尺读数举例

使用游标卡尺时，还应注意以下几点：

(1) 测量之前，先将量爪 A、B 合拢，观察零位是否对齐，若不对齐，则要做修正. 设零点读数为 l_0，测读数为 l_1，则修正后的读数应为 $l=l_1-l_0$. l_0 可正可负，在修正时应注意.

(2) 使用游标卡尺测量时，量爪与待测物轻微接触就可以了. 若卡得太紧，游标卡尺会发生变形而测不准；若卡得太松，量爪与待测物间有间隙，读数也不准确.

(3) 使用游标卡尺时，要把量爪摆正，对准要测量物体的尺寸方向；若歪斜，就测不准了.

(4) 读数时眼睛应垂直对准尺面. 尺面斜了或光线的影响往往把并未对齐的刻度线看成对齐了，造成读数误差.

(5) 精确度为 0.02mm 的游标卡尺往往看上去好像有 2～3 条游标线都对齐了，因此要仔细分辨，向左右细看，一定可以在游标上找到两根和主尺不对齐的刻线，它们与主尺刻线的距离相等，而位置一左一右，这时就很容易判定这两根刻度线间最中间的一条游标刻线是真正的与主尺刻线对齐了的. 在用游标卡尺测量一般小件物体时，可以一手持待测物体，另一手持游标卡尺，如图 2-4 所示. 但应注意要保护量爪不被磨损，不可用游标卡尺去测量表面粗糙的物体.

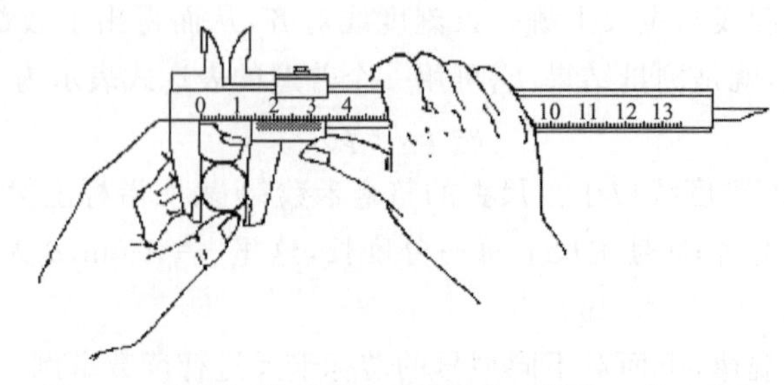

图 2-4　用游标卡尺测量小件物体时持物手势示意图

二、角游标

在测量角度的仪器中，如分光计、经纬仪等采用的是角游标.角游标是一个沿着圆刻度盘，并与圆刻度盘同轴转动的小弧尺，如图2-5所示.

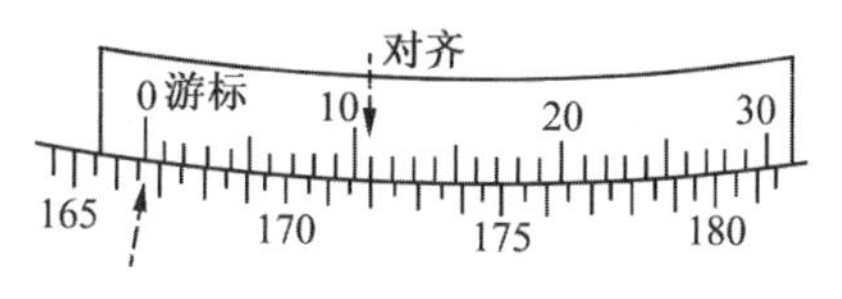

图2-5 角游标示意图

主尺上最小分度值 α 为0.5°(即30′)，游标上有 N 个分度值(30个)，对应其总弧长与主尺上 $N-1$ 个(29个)分度的弧长相等，设游标上最小分度值为 β，有 $N\beta=(N-1)\alpha$，因此这种角游标的精度 δ 为

$$\delta=\alpha-\beta=\alpha-\frac{N-1}{N}\alpha=\frac{\alpha}{N}=\frac{0.5^{\circ}}{30}=\frac{30'}{30}=1'$$

其读数方法与游标卡尺的读数方法一样，整数位加小数位.小数位由精度乘以游标上的对齐格数.如图2-5所示的整数位为166.5°，角游标的第11根线与主尺对齐，因此小数位为 $11\times\delta=11'$.这样，角位置读数为 $166.5^{\circ}+11'=166^{\circ}41'$.

三、螺旋测微器

螺旋测微器也称千分尺，是比游标卡尺更精密的长度测量仪器.其外形如图2-6所示.其主要部分是由一根精密的测微螺杆和套在螺杆上的固定螺母套管组成，螺母套管上主尺的最小分度值为0.5mm.测微螺杆的后端连接着一个刻有50个分度的微分筒，当微分筒相对于螺母套管转动一周时，测微螺杆沿螺母套管的轴线方向前进或后退0.5mm；当微分筒转动一个分度时，测微螺杆便前进或后退 $0.5\times1/50\text{mm}=0.01\text{mm}$，即微分筒上每个刻度的分度值为0.01mm，并可估读到0.001mm.因此，从微分筒旋转了多少个刻度就知道长度变化了多少个0.01mm，从而得到确定的读数.这里采用了机械放大的原理来提高测量的精度.

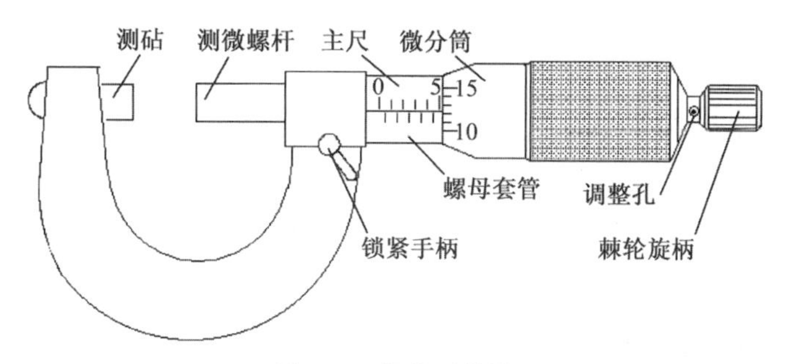

图2-6 螺旋测微器

在测量物体尺寸时，首先应转动微分筒，使测微螺杆的端面和测砧分开适当的距离，然后将待测物体安放在测微螺杆和测砧之间，轻轻转动测微螺杆尾端的棘轮旋柄，当听见棘轮发出“嗒、嗒……”的声音时，即表明待测物体刚好被夹住了，这时便可以读数.

在读数时，应从螺母套管上的主尺上读出微分筒端线左边的整数部分(由于主尺的最小分度值为0.5mm,所以整数部分是以0.5mm为单位的),螺母套筒上的横线称为准线,由准线对齐微分筒上的位置可读出小数部分(根据测量要求可估读到0.001mm),然后将两部分相加,便得到所需的读数.

如图2-7(a)所示的读数为6.438mm,图2-7(b)所示的读数为6.938mm.请注意图2-7(a)与图2-7(b)的区别!

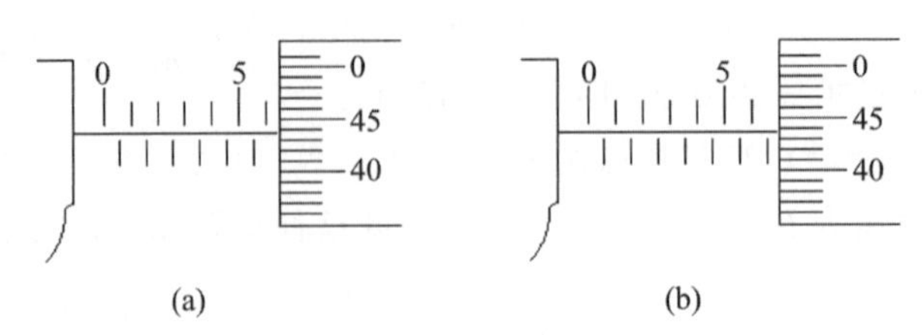

图2-7　千分尺读数示例

使用千分尺时的注意事项:

(1) 测量前应记下零点读数(如果微分筒零线位于准线上方,测量结果应加上零点修正值;反之,则相减).如果零点相差太多,可以进行调整,调整方法如下:转动棘轮手柄,使测砧和测微螺杆的端面相接触,利用锁紧手柄锁紧测微螺杆,用厂方配好的专用扳手装在调整孔上,一手握紧微分筒,另一手用专用扳手按右螺旋方向将微分筒螺母旋松,轻轻转动微分筒,使微分筒"0"刻度线与螺母套管的准线对齐;然后再用一手握紧微分筒,另一手用专用扳手将微分筒螺母旋紧;最后松开锁紧手柄,重复核校一遍,如果"0"刻度线对齐就行了.

(2) 利用千分尺读数时要仔细,观察时往往忽略微分筒端面是压在大于0.5mm处还是小于0.5mm处,图2-7中的两种情况常容易混淆.

(3) 测量时,不能手握着微分筒旋进测微螺杆,这样容易损坏千分尺.

(4) 测量完毕,用软布擦干净千分尺,并在测砧与测微螺杆间留一点间隙,再将千分尺放入盒内.

2.1.2　物理天平

一、物理天平的结构

物理天平是普通物理实验中经常用于测量物体质量的仪器,其结构如图2-8所示.图2-9简略标注了物理天平相关部件的名称或作用.

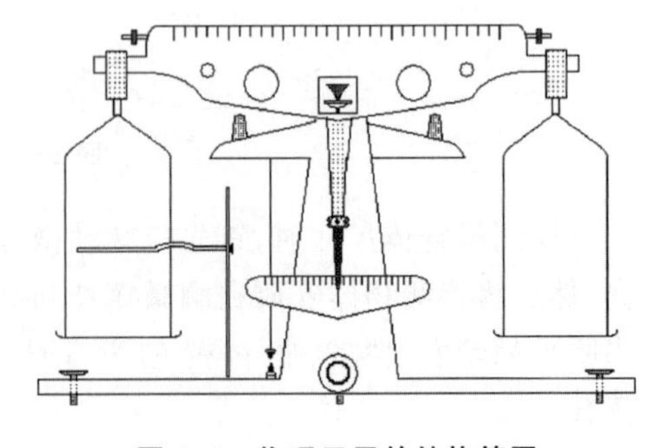

图2-8　物理天平的结构简图

天平有一个等臂的横梁A,横梁的左右各有一个向上的刀口(图中被挂钩挡住了,在旁放大画了一只)用以挂挂钩F_1和F_2.左右挂钩各挂一只托盘(使用天平时,挂钩、托盘是不能左右互换的). 横梁中间有一个向下的刀口 F,使用天平时,该刀口支在刀口下面的一个可活动的平台上. 该平台由止动旋钮 Q 控制,向上支起平台,则能把横梁支起,进行天平称衡.

降下平台,则横梁下落,坐落在横梁下面左右各有一个的支座上,使刀口不接触平台,以保护刀口.

指针用以判断天平是否平衡,指针上的摆锤是给指针配的一小重物,调节其上下位置,可控制指针摆动幅度的大小,其在出厂时已调整好,不能随便更动. 它上下移位,能改变横梁重心位置,因而影响天平称衡的灵敏度,它用于厂家调试.

调节螺丝 D_1、D_2 是天平空载时调平衡用的.

每架天平都配有一套自己的砝码,物理天平通常最大称量为 500g,1g 以下的砝码太小,使用起来很不方便,所以在横梁上附有游码 D,游码可以左右移动,用来实现称衡时加砝码微调. 当它在横梁最左端时,相当于没有给天平右盘加砝码;当它在横梁最右端时,就相当于给天平右盘加了 1g 的砝码. 因此,如果天平横梁上有 50 个刻度,则游码向右移动一格就相当于给右盘加了 0.02g 的砝码(有的物理天平一格为 0.05g 或 0.01g,只要按刻度格数简单计算一下即可得到).

水杯托盘是用于放水杯的,用它可测水中的物体,它可以移开,也可以上下移动. 水准器则是用于调天平水平用的.

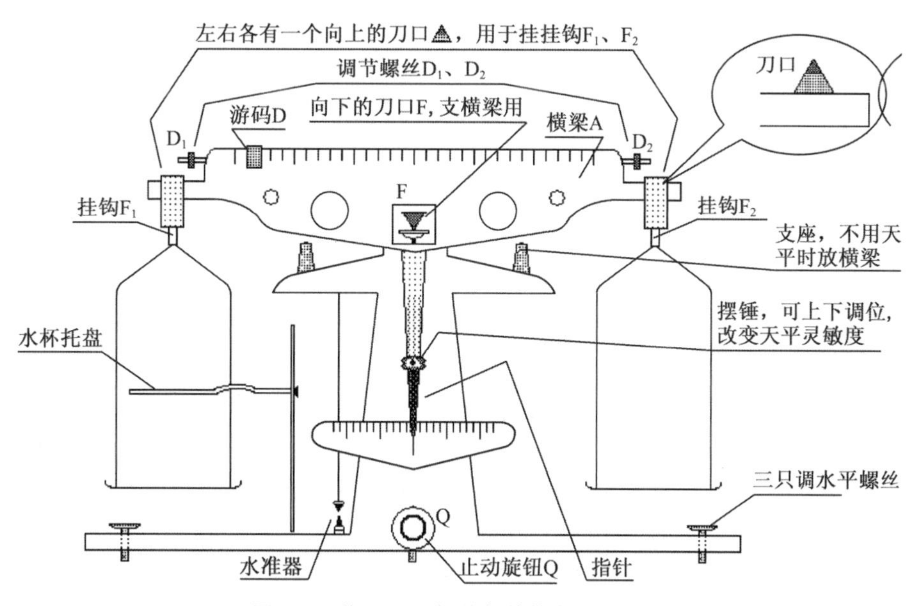

图 2-9 物理天平相关部件的名称或作用

二、物理天平的调整与使用

(一) 水平调整

转动底座三只螺丝中的两只,用水准器判断物理天平是否水平.

（二）零点调整

将横梁上的游码移到最左端，旋动止动旋钮 Q，将横梁慢慢支起，使之自由摆动，此时指针应该在标尺的中央附近摆动. 当摆动幅度左右相等时，则天平平衡，零点最后停在标尺的中点附近.

如指针向某一边摆动偏大，即天平不平衡，则必须旋回止动旋钮 Q，使横梁放下，调节左右调节螺丝 D_1，D_2，之后重复操作，直到横梁抬起时，横梁左右摆动幅度相等为止.

判断天平平衡有一个好的技巧：慢慢抬起横梁，观察指针往哪边偏，从而立刻判断出左右两侧谁重谁轻，进而可明确调整砝码的方向. 后面称物时也是如此.

（三）称衡

称衡时通常将物体置于左盘，将砝码置于右盘. 一定要用镊子取放砝码，不能直接用手拿.

选用砝码要按由大到小、逐次逼近的次序. 直到放上 1g 砝码太重，拿掉 1g 砝码又太轻时，再用游码进行操作.

可用二分法移动游码，如图 2-10 所示. 游码最初在最左端 0 位置，先置游码最右端 1 位置，如重，则置中间 2 位置，如轻，则再置 3 位置，如重，则置 2、3 中间的 4 位置……如此很快即可到达目标位置.

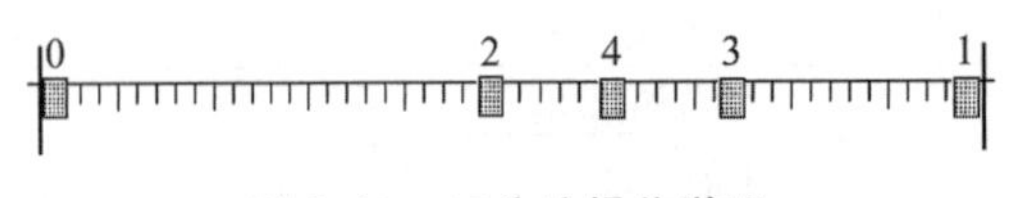

图 2-10 二分法操作游码

这里要强调：天平不使用或天平不平衡，要增减砝码时，应将横梁放下固定，以保护刀口，不能在横梁支起时增减砝码或移动游码，否则会损害刀口.

（四）操作天平时的注意事项

1. 只有当要判断天平哪一侧较重时，才旋转 Q 支起横梁，并在判明后立即落下横梁，不允许在横梁支起时，加减砝码、拨动游码或取放物体！

2. 要用镊子取放砝码，用过后的砝码要立即放回砝码盒中.

3. 天平两侧重量相差较多时，不要把横梁完全支起，只要支到能由指针的偏转断定哪一侧较重就够了，并立即把横梁落下. 升起和止动横梁时要缓慢平稳，以防天平受冲击.

4. 称衡时，先估计物体的重量，加一适当的砝码，经判明轻重后再调整. 把物体放到秤盘时，应尽量使它们的总重心靠近秤盘的中央.

5. 如果要消除天平的不等臂性，可采用砝码与物左右互换各测一次取几何平均，以消除这种系统误差.

三、物理天平的规格

物理天平的规格由下列两个参量给出：

（一）感量 灵敏度

感量是指天平两端平衡时，使指针偏转一个最小分度时在一端称盘中所加的最小质量，感量越小，天平灵敏度越高.

一般感量与游码移动一小格的质量相当. 感量的倒数称为天平的灵敏度. 天平感量或灵敏度是与负载有关的，负载越大，灵敏度越低.

（二）最大称量

最大称量是指天平允许称衡的最大质量. 在任何情况下都不允许负荷超过这一限度，以免使天平横梁弯曲而损坏.

2.1.3 气垫导轨

因摩擦力不可忽略，这给我们研究物体运动造成了很大麻烦. 让物体在空气垫上运动，由于空气的摩擦因数很小，空气摩擦几乎可以忽略. 气垫导轨便是提供空气垫的装置，它给我们研究物体运动规律提供了有力保障.

一、气垫导轨及其主要配套部件

气垫导轨的整体结构及部分主要配套部件如图 2-11 所示，图 2-12 简略表明了气垫导轨相关部件的名称.

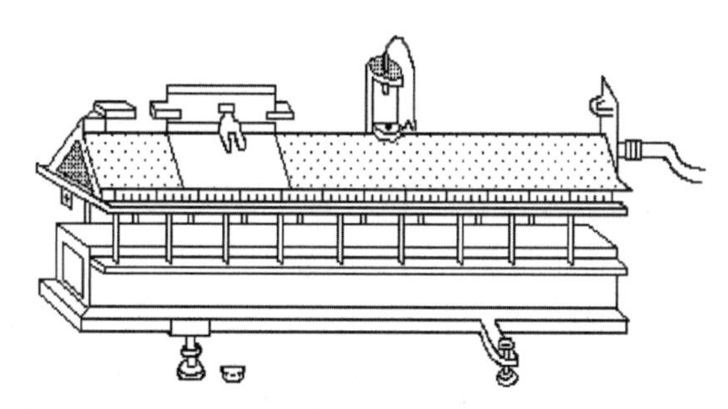

图 2-11 气垫导轨结构及部分配件

（一）导轨

导轨是由一根长约 1～2 m 的方形或三角形的铝管做成，有特殊需要的还可以做得更长. 导轨要保持平直，其表面经过精密加工，打磨平滑.

导轨的一端用堵头封死，另一端装有进气嘴，可向管腔内送入压缩空气. 在铝管上侧的两个侧面上钻有等距离并错开排列的喷气小孔，小孔之间的距离不能太大，以保证滑块（滑行器）在任何位置都能覆盖一定数量的喷气孔. 压缩空气（由气泵产生）从进气嘴进入管腔后，就从喷气小孔喷出. 导轨两端内侧装有碰簧，导轨上还附有测量滑块在导轨上位置用的标尺. 管腔端部或底部有压力测定孔，平时堵死，需要时可以接上压力计测腔内气压.

整个导轨通过一系列直立的螺杆安装在口字形或工字形铸铝梁上，这些螺杆是用来调整气轨各段的平直度的. 口字形铸铝梁下面有支脚和用来调节导轨水平的底脚螺丝,支脚和底脚螺丝都放在座垫上,导轨的微小倾斜可以通过底脚螺丝来实现. 要使导轨有大的倾斜可用垫块垫在座垫上的办法来实现. 根据实验需要,导轨的各个部分还可以增加其他附件,如滑轮、弹簧挂钩、弹射器、磁铁底座、导电弦丝、火花或热敏记录纸等.

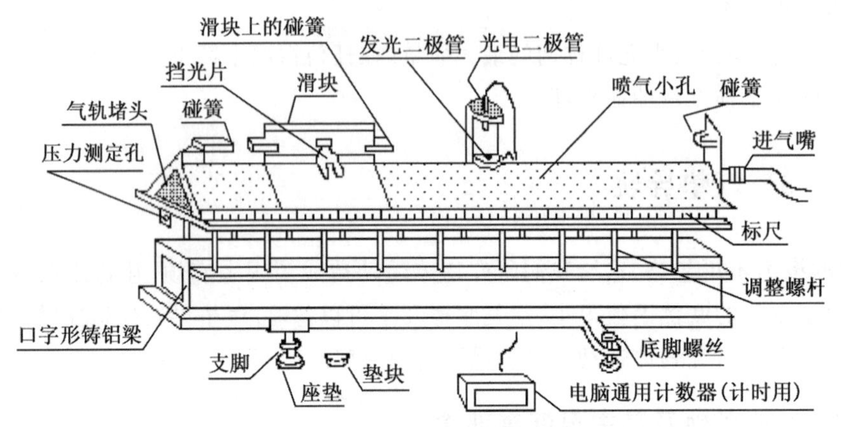

图 2-12　气垫导轨相关部件的名称

(二) 滑块(滑行器)

滑块由长 10～30cm 的角铁或角铝制成,如图 2-13 所示. 滑块的角度经过校准,其内表面经过细磨,与导轨的两个侧面很好地吻合. 当导轨的喷气小孔喷气时,在滑块与导轨之间形成一个很薄的空气层——气垫,滑块就漂浮在气垫上,可沿着导轨自由地滑动. 滑块上可装上用来测量时间的挡光板(片). 根据实验需要,滑块上还可装上碰簧、接合器等各种附件. 滑块必须保持其纵向及横向的对称性,使其质心处于导轨的中心线上. 滑块的质量中心[包括增加附加质量(骑码)后的质量中心]以较低为好,至少不宜高于碰撞点(在做两个滑块的碰撞时或滑块与导轨两端的碰簧碰撞时).

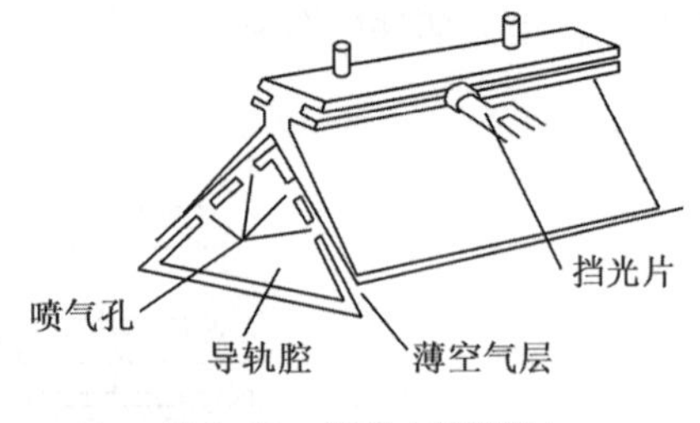

图 2-13　滑块(滑行器)

(三) 供气系统

气轨的供气方式有两种:

1. 用小型的空气压缩机作为气源,通过缓冲罐及输气管道送气. 每一两台空气压缩机可带动一组气轨. 这种供气方式的优点是供气气压较高,较稳定;空气压缩机宜放在通风良好、空气清洁干燥的单独机房内,以减少噪声对实验室的干扰,避免有害振动,增加安全性. 一台空气压缩机可带动多台气轨,但投资、占地大,安装后不能移动.

2. 每台气轨用一个小型气源,小型气源可以维持一定气流量,气压较低,但亦足以浮起滑块. 其优点是价格便宜,移动方便;但噪声大,温升高,不宜长时间连续工作.

将小型气源放在消声箱内，可以降低噪声，但不利于散热.

（四）计时系统

气轨上计时系统是光电计时系统.

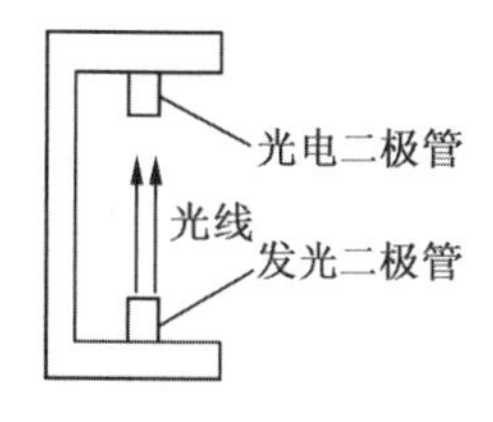

图 2-14 光电门

光电计时系统包括光电门、触发器和数字毫秒计（或频率计、计数器），一般触发器已装在数字毫秒计壳内. 在导轨的一侧或两侧安装两个（或多个）可以移动的光电门，它们是计时装置的传感器. 每个光电门有一个光电二极管，被一个发光二极管照亮，如图 2-14 所示. 光电二极管宜装于上方，发光二极管宜装于下方，以使光干扰较小. 光电二极管的引线与触发器相连. 触发器能产生合适的脉冲信号，让计时器开始计时或停止计时. 在通常情况下，光电二极管被照亮，这时触发器没有信号输出，光电门的工作状态通常有以下几种：

(1) 记录一个平板形挡光片经过光电门的挡光时间.

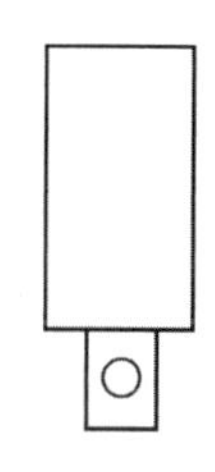
图 2-15 平板形挡光片

平板形挡光片如图 2-15 所示. 当任一个光电门中发光二极管发出的光被挡住时，触发器即输出一个脉冲信号，计时器开始计时，这个发光二极管的光被挡结束时，触发器又输出一个脉冲，计时器停止计时，于是计时器上所显示的时间值就是这个平板形挡光片通过光电门的挡光时间. 由于发光管发出的光是一束，不是一条细的几何线，触发器对开始挡光与停止挡光的判别位置因光束宽度会有误差，因此，这样所测的挡光片通过光电门的挡光时间准确度较低.

(2) 记录两次挡光之间的时间.

光电计时系统处于这种工作状态时，当任一个光电门的发光二极管发出的光被挡住时，触发器就输出一个脉冲信号，计时器开始计时. 此后，如果任一个光电门（可以是原来的，也可以是另一个光电门上的）的光又一次被挡住时，触发器就输出第二个脉冲信号，计时器停止计时. 计时器上所显示的时间值就是上述两次挡光之间的时间间隔. 这种计时方式在一定程度上可以消除或者减小因光束宽造成的计时误差，所以比较常用.

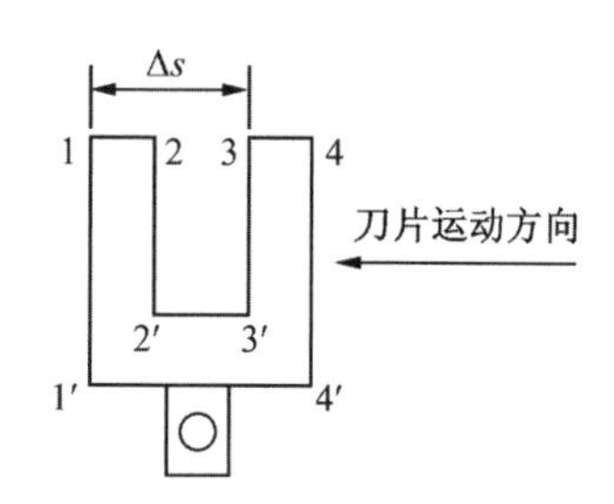

图 2-16 U 形挡光片

如果两个光电门之间距离 s，用平板形挡光片挡光计时，可以测出滑块行经距离 s 的时间 t. 如果用 U 形挡光片，如图 2-16 所示，则可测出滑块通过某一点附近的瞬时速度. 图 2-16 中，U 形挡光片有四条互相平行的边 $11'$、$22'$、$33'$、$44'$，将挡光片固定在滑块上并随滑块一起运动. 当挡光片随滑块自右向左运动并通过光电门时，挡光片的四条边依次经过发光管. 当第一条边 $11'$ 边经过时，触发器输出信号，计时器开始计时；当第三条边 $33'$ 经过时，再次挡光，触发器又输出第二个信号，计时器停止计时.

于是计时器显示的时间 Δt 就是滑块经过 Δs 距离所用的时间，Δs 是边 $11'$ 与 $33'$

之间的距离，于是，滑块通过光电门附近的瞬时速度就近似为 $v=\frac{\Delta s}{\Delta t}$（更精确地测定瞬时速度可采用极限法即作图外推法），Δs 可用读数显微镜或游标卡尺测量.

二、气轨工作原理

（一）滑块的漂浮——气垫效应

滑块的漂浮看起来似乎是被气流吹起来的，其实并不这样简单. 通过计算可知，单靠导轨小孔中喷射气流的压力，只能举起很小质量的物体，不足以举起滑块.

滑块能够漂浮，是因为有“气垫效应”. 其作用与水压机相似，滑块和导轨的相对表面经过精细加工，很好吻合. 当导轨小孔喷出空气流后，在滑块与导轨之间形成一个薄空气层——气垫. 在滑块的边缘，不断有空气逸出，同时喷气小孔又不断向气垫补充空气，使气垫得以维持存在. 这是一种简单的耗散结构，我们可以近似地把气垫看作密闭气体，在其中应用帕斯卡定律，喷气小孔中的压强等量地传递到气垫各处，由于滑块与气垫接触面很大，滑块受到很大的压力（方向向上），所以滑块被托浮起来. 因此，滑块不是被气流吹起来的，而是被气垫托起来的.

（二）滑块的稳定——毛细管节流作用

黏滞流体通过毛细管时，受到摩擦阻尼，使其压强降低. 根据泊萧叶公式，对不可压缩的流体，在层流的情况下，流体流经毛细管，在毛细管两端的压力降为

$$\Delta p=p_1-p_2=\frac{8\eta lQ}{\pi r^4}$$

式中，η 是流体的黏滞系数；l 是毛细管长度；r 是毛细管半径；Q 是流量，即单位时间内流经毛细管的流体体积. 上式表明，当其他条件不变时，通过毛细管的流量越大，其压力降也越大，这就是毛细管的节流作用.

当导轨内部气压 p_1 恒定时，一定质量的滑块的漂浮高度也是基本一定的. 若某种偶然因素使滑块稍微降低，则气垫效应增强，更接近于密闭气体状态，使得喷气小孔中流量减少，因毛细管的节流作用，气垫管腔内外的压力降减少，亦即喷出气流的压力 p_2 增大，结果使滑块受到的总浮力超过其重力，将它向上托起；反之，若某偶然因素使滑块升高，则气垫效应迅速减弱，喷气小孔中喷气量增加，但喷出气流的压强降低，使整个滑块受到的浮力减少，于是滑块下降，恢复其平衡高度.

若某种偶然因素使滑块前后（或左右）倾斜，则在滑块与导轨靠近的部分气垫效应增强，喷出气流的压力增大，使这个局部受到的浮力增大，将其向上抬起；反之，在滑块离开导轨的部分，局部浮力减小，使其下沉. 这样，滑块就被自动扶正了.

三、气轨的安装与调整

气轨要安放在坚实的桌子上，少移动，若一定要移动，则要重新调整. 导轨的平直度要用专门的仪器检验，气轨出厂时一般已调整好，所以不要无故拧动导轨下方的螺杆. 用底脚螺丝可以调节导轨水平.

检验导轨水平时，可以把滑块放在各处，滑块应该都能保持稳定不动，也可以观察

滑块起动后，通过放置于不同位置的两个光电门的时间是否一样，或者是否均匀地递增，来判断导轨是否水平.

四、气轨的维护

1. 使用中，切忌碰撞、重压导轨和滑块，以防止变形.使用前轨面和滑块内表面要擦拭干净，不要用手抚摸涂拭.使用时要先通气源，再将滑块放在导轨上，不能未通气时就将滑块放在轨面上拖动，以免擦伤表面.使用完毕，先取下滑块，后关气源.

2. 喷气小孔孔径仅0.6mm，应注意气源压缩空气中不能有灰尘、水滴、水汽和油滴，以免堵塞小孔.如果小孔被堵塞，应及时发现，用0.5mm孔径的钢丝捅一下孔，同时检查气泵过滤网是否完好，若有问题应及时解决.

3. 实验完毕，将轨面擦净，用防尘罩盖好，导轨不宜用油擦，因为油易吸附灰尘.

4. 往滑块上安装附件时，用力要适当，实验时用手拨动滑块时，不可用力过猛.

5. 长期不使用气轨时，应恰当放置，以防导轨变形.

2.1.4 电脑通用计数器

在气垫导轨上的力学实验，会涉及速度、加速度等物理量，这些物理量都需要通过时间来进行计算.在气垫导轨的系列实验中计时是利用光电门和电脑通用计数器来实现的.

一、MUJ-5B型电脑通用计数器面板功能

本仪器以单片微机为核心，配有合理的控制程序.它具有“计时1”“计时2”“加速度”“碰撞”“重力加速度”“周期”“计数”“信号源”功能.它能与气垫导轨、自由落体仪等多种仪器配合使用.这里对本机的使用方法做一介绍，而对基本原理则不做介绍.

本机前面板如图2-17所示，下面简单介绍一下几个主要的功能.

1. “转换”键4.用于测量单位的转换、挡光片宽度的设定及简谐运动周期值的设定.

在使用“计时”“加速度”“碰撞”功能时，若按“转换”键4时间小于1s，测量值在时间或速度之间转换；若按“转换”键4时间大于1s，可重新选择你所用的挡光片宽度1.0cm，3.0cm，5.0cm，10.0cm.

2. “功能”键5.用于八种测量功能的选择或清除显示数据.此时功能转换指示灯2会显示具体切换到某种功能.

按“功能”键5，仪器将进行功能选择；若按住“功能”键5不放，可在八种测量中循环选择.

若光电门已经被遮过光，按“功能”键5，可清“0”复位.

3. “电磁铁”键6.按此键可控制电磁铁的通、断.

4. “取数”键7.在使用“计时1”“计时2”“周期”这三种功能时，仪器可自动存储前

20 个测量值.

取出存储数据：按“取数”键 7，可依次显示数据存储顺序及相应值.

清除存储数据：在显示存储值过程中，按“功能”键 5.

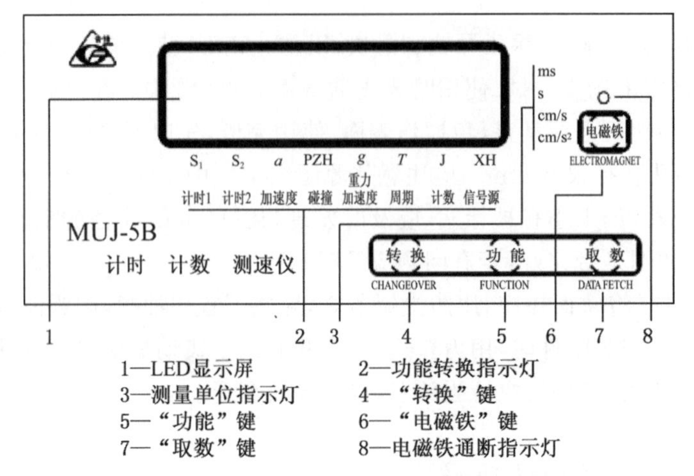

图 2-17 MUJ-5B 型电脑通用计数器前面板图

本机后面板如图 2-18 所示.

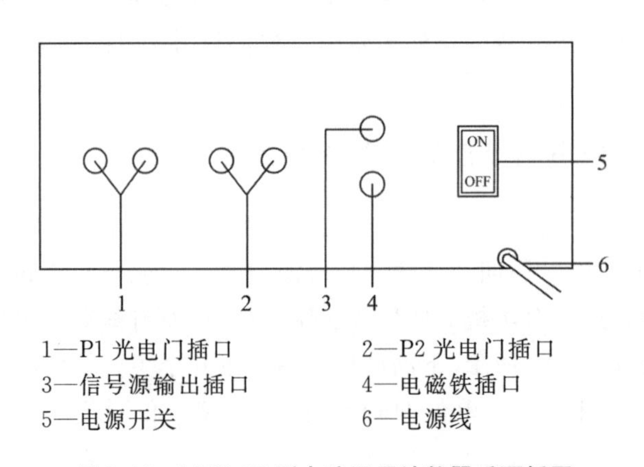

图 2-18 MUJ-5B 型电脑通用计数器后面板图

二、MUJ-5B 型电脑通用计数器各个功能的使用方法

1. 每次开机，系统默认的挡光片宽度为 1.0cm，如果和实际实验中使用的挡光片宽度不一致，需要通过“转换”键 4 来进行设定(若实验仪需要测量挡光显示时间，此项操作可以忽略).

2. 计时 1(S_1). 测量对任一光电门的挡光时间.

3. 计时 2(S_2). 测量 P1 口光电门两次挡光或 P2 口光电门两次挡光的时间间隔(而不是 P1、P2 口各挡光一次). 注意：该功能测量时间应使用凹形挡光片.

4. 加速度(a). 测量凹形挡光片通过两只光电门的速度及通过两光电门之间距离

的时间,可接2～4个光电门.

做完实验,会循环显示下列数据:

1	第一个光电门
×××××	第一个光电门测量值
2	第二个光电门
×××××	第二个光电门测量值
1—2	第一至第二个光电门
×××××	第一至第二个光电门测量值

如接入4个光电门,将继续显示第3个光电门、第4个光电门及2-3、3-4段的测量值.

按下"功能"键5,可清"0",进行新的测量.

5. 碰撞(PZH).进行等质量、不等质量碰撞实验.

在P1、P2口各接一只光电门,在两只滑行器上安装相同宽度的凹形挡光片及碰撞弹簧,滑行器从气轨两端向中间运动,各自通过一只光电门后碰撞.

做完实验,会循环显示下列数据:

P1.1	P1口光电门第一次通过
×××××	P1口光电门第一次测量值
P1.2	P1口光电门第二次通过
×××××	P1口光电门第二次测量值
P2.1	P2口光电门第一次通过
×××××	P2口光电门第一次测量值
P2.2	P2口光电门第二次通过
×××××	P2口光电门第二次测量值

如滑块三次通过P1口光电门,一次通过P2口光电门,本机将不显示P2.2,而显示P1.3,表示P1口光电门进行了三次测量.

如滑块三次通过P2口光电门,一次通过P1口光电门,本机将不显示P1.2,而显示P2.3,表示P2口光电门进行了三次测量.

按下"功能"键5,可清"0",进行下一次测量.

6. 重力加速度(g).将电磁铁插头接入电磁插口,两个光电门接入P2光电门插口,按动"电磁铁"键6,电磁指示灯亮,吸上钢球;再按动"电磁铁"键6,电磁指示灯灭,钢球下落,计时开始,钢球下部遮住光电门,计时器计时.

显示结果如下:

1	第一个光电门
×××××	t_1 值
2	第二个光电门
×××××	t_2 值

第三个光电门插在 P1 光电门内侧插口,还可测到第 3 个数值.

由于 $h_1=\frac{1}{2}gt_1{}^2$,$h_2=\frac{1}{2}gt_2{}^2$,可得 $g=\frac{2(h_2-h_1)}{t_2{}^2-t_1{}^2}$,其中 h_2-h_1 为两个光电门的距离.

将两个光电门之间距离设定得大些,可减小测量误差.按"功能"键 5 或"电磁铁"键 6,仪器可清"0".

7. 周期(T).接入一个光电门,测量做简谐运动 1～10000 周期的时间,可选用以下两种方法.

(1) 不设定周期数.开机仪器会自动设定周期数为 0,完成一个周期,显示周期数加 1.按"转换"键 4,即停止测量.显示最后一个周期数约 1s 后,显示累计时间值.按"取数"键 7,可提取每个周期的时间值.

(2) 设定周期数.按住"转换"键 4,确认你所设定周期数时放开此键(只能设定 100 以内的周期数).每完成一个周期,显示周期数会自动减 1,当完成最后一次周期测量,会显示累计时间值.显示累计时间值时,按"转换"键 4,可显示本次实验每个周期的测量值.待运动平稳后,按"功能"键 5,开始测量.

注意:此仪器只能记录前 20 个周期时间值.

8. 计数(J).测量光电门的遮光次数.

9. 信号源(XH).将信号源输出插头插入信号源输出插口,可在插头上测量本机输出时间间隔为 0.1ms, 1ms, 10ms, 100ms,1000ms 的电信号.按"转换"键 4,可改变电信号的频率.

如果测试信号误差较大,请检查本仪器地线与测试仪器地线是否连接.

三、MUJ-5B 型电脑通用计数器的自检、调整和维护

本机具有自检功能.按住"取数"键 7,开启电源开关,数码管显示"22222""5.5.5.5.5.",发光二极管全亮,显示 15.24ms,说明仪器正常.若整机不能正常计时,请检查光电门是否正常.

2.1.5 温度计 气压计 湿度计

一、温度计

测量物体温度的仪表和方法多种多样,通常是利用被测对象温度的变化促使测量仪表敏感体的物理量(如压力、体积、电阻等)发生改变来进行测温的.测温仪表的敏感

体与待测物直接接触，进行热交换，当达到平衡时测温仪表显示被测温度，这种测温仪表被称为接触式测温仪表；另一种则无需与被测物相接触，便可取得温度，这种测温仪表被称为非接触式测温仪表.

常见的温度计及其测温范围如表 2-1 所示.

表 2-1 常见的温度计及其测温范围

类别	温度计名称	常用测温范围/℃	类别	温度计名称	常用测温范围/℃
接触式	1. 热膨胀式温度计		接触式	4. 热电偶温度计	
	水银温度计	−35～500		铂铑 10-铂	0～1600
	酒精温度计	−80～80		镍铬-康铜	−200～880
	双金属温度计	−80～300		铜-康铜	0～350
	2. 压力式温度计	−80～400	非接触式	5. 辐射温度计	100～200
	3. 电阻温度计			6. 光测高温计	700～3200
	铂电阻	−200～850			
	铜电阻	−50～150			
	半导体热敏电阻	−40～150			

(一) 液体温度计

液体温度计的构造如图 2-19 所示，一玻璃管下端连接一盛有如水银、加色酒精、煤油等液体的球泡，玻璃管中央连接球泡的是一内径均匀的毛细管. 液体受热后，在毛细管中升高. 其升高与降低的距离与冷热程度成正比，从管壁的标度就可以读出相应的温度值.

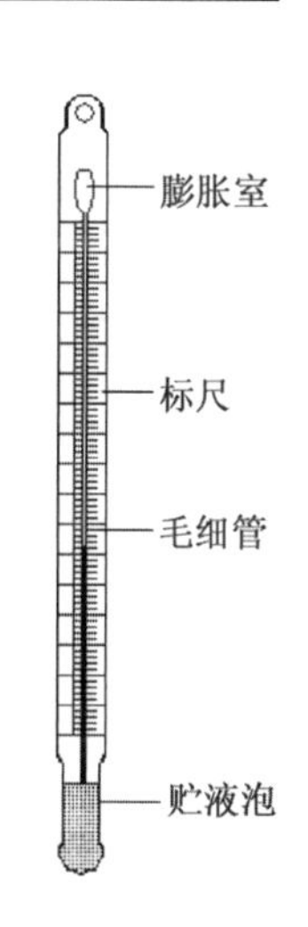

图 2-19 液体温度计的构造

(二) 半导体温度计

半导体热敏电阻在温度升高时，它的阻值下降. 如果已知其温度阻值变化曲线(一般是按指数规律变化的)，以后只要测出它的阻值，便可查出相应的温度. 图 2-20 是半导体温度计原理图，它是利用非平衡惠斯登电桥测量温度的，利用检流计指针的偏转与热敏电阻 R_t 值变化的一一对应关系来测定温度.

热敏电阻温度计每次使用之前都要校正. 图 2-20 中两只电阻 R_m、R_n 就是用来校正的. 设该温度计测温范围为 $t_1 \sim t_2$，校正下限温度 t_1 时，将开关 S 拨向 n，调桥臂电阻 R_2 使电桥平衡. 校正上限温度 t_2 时，将开关 S 拨向 m，调电源分压器 R_1 使电桥电流计指针满偏. 校正完毕，再把开关拨向 t，R_t 接入桥路，便可用来测量温度.

(三) 热电偶温度计

热电偶温度计也称温差电偶温度计，它由两种不同材料的金属丝组成，如图 2-21 所示. 两种不同材料的接触点处温度不同，则在 A、B 两点之间产生温差电动势，电动势大小与两材料接触温度差($T_x - T_0$)有关. 参考点温度 T_0 通常选用冰水混合物温度(0℃)，温差电动势由电位差计或数字毫伏表测得. 温差电动势与温度差的关系可从手

册中查到.

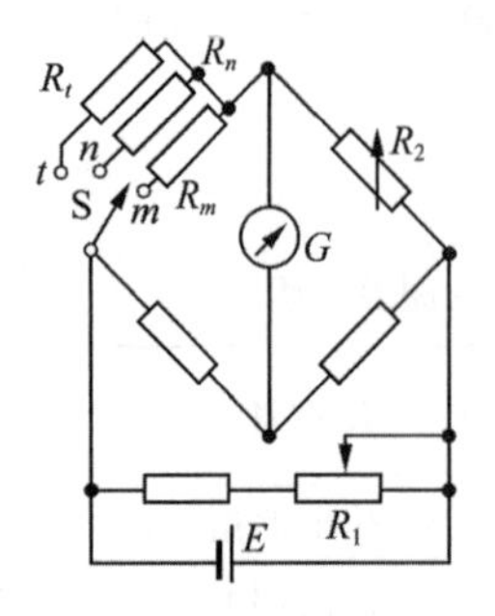

图 2-20　半导体温度计原理图

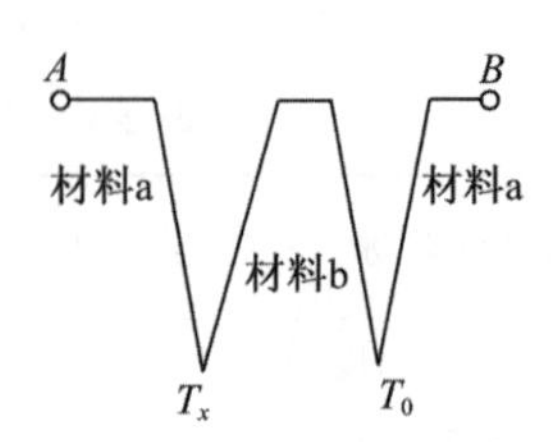

图 2-21　温差电偶

热电偶具有结构简单、体积小、热容量小、测量温度范围宽等特点，广泛应用于温度精密测量、高温测量中. 由于它是把温度量转化为电学量的，因此在自动控制中用途很广.

二、气压计

福廷式气压计是常用的水银气压计，如图 2-22 所示. 它有一长约 80cm 的玻璃管，上端封口、下端开口，开口的下端垂直插在下端的水银杯中，管内水银柱的上端则是真空. 这样，大气压作用在玻璃管外杯内水银面时，玻璃管内水银便上升，上升高度与环境大气压成正比. 气压计中部有一只温度计以读测温度. 水银杯底由可渗透空气但不渗透水银的鹿皮革密封，鹿皮革底部有上下可调的“调零”旋钮支托，如图 2-23 所示.

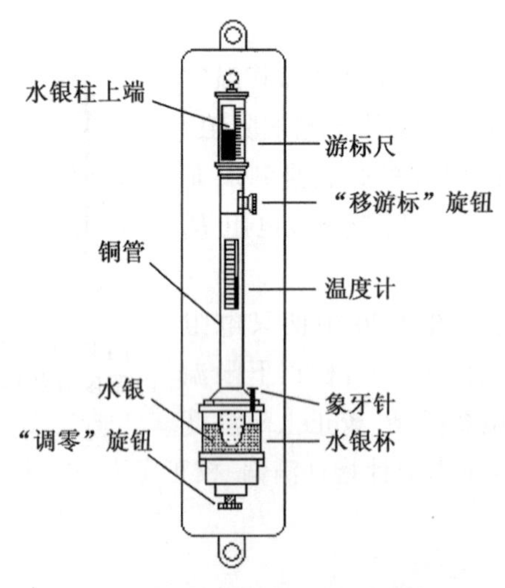

图 2-22　福廷式气压计结构图

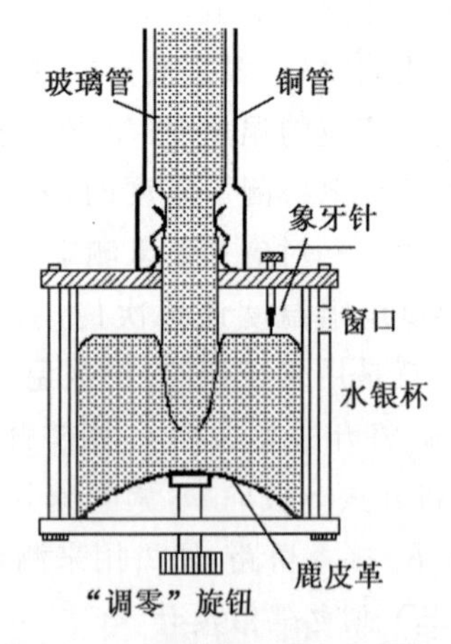

图 2-23　福廷式气压计调零机构

“调零”旋钮的作用是每次读数时用它来调节水银杯内水银面的位置，使水银面位置与气压计标尺起点(零点)，即象牙针的针尖相接触. 水银杯的上部也是用鹿皮革密封的，这样，空气可以进入水银杯，保证水银杯水银面就是大气压，同时保证水银不至于外流.

玻璃管由铜管套住,以作保护;铜管上开有观察窗口,以观测水银面;铜管上有游标卡尺,可测读气压;有“移游标”旋钮,可精读水银高度位置,从而直接读出大气压值.

欲求大气压精确值,应对标尺、水银密度等随温度的变化以及表面张力的影响进行校正.

设铜管和水银的膨胀系数分别为 α 和 β,内径为 6mm 的玻璃管,因表面张力作用使水银面下降量约为 0.91 mm. 以上三方面矫正后,气压值等于

$$p_t=(1+\beta)(h+0.91)(1+\alpha t)$$

式中,p_t 为大气压,单位为 mmHg;t 为温度;h 为 0℃时水银柱高度,单位为 mmHg.

三、湿度计

如图 2-24 所示,设一密闭容器内盛有一定质量、一定温度的水,因水要蒸发,水面上层的空气中便会充满水蒸气. 空气中的水分子要返回到水中,水中的水分子又不断蒸发,由于容器密闭,最终会达到动态平衡,即达到水蒸气饱和状态(即空气中水分子密度达到一定值). 显然,容器内水温越高,饱和蒸气压越高(即水蒸气分子数越多).

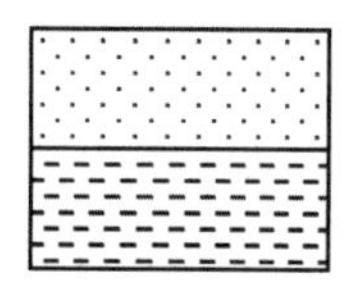

图 2-24　密闭容器中的水蒸气

表征空气中水蒸气多少的一个指标就是湿度. 把空气中单位体积内水蒸气的质量称为空气的绝对湿度,把空气中所含水蒸气密度与同温度下饱和水蒸气密度的百分比称为空气的相对湿度. 例如,如图 2-24 所示,在 20℃时,在水蒸气饱和时测得每立方米的空气中有 17.3g 水蒸气,则称绝对湿度为 17.3g/m^3,相对湿度当然为 100%. 当打开容器的上盖,则水面上水蒸气就不再处于饱和状态了,由于扩散梯度不同,在水面的下方与上方,水蒸气密度也不会相同.

大气中水蒸气的多与少,可用湿度计来测量. 湿度计种类很多,通常利用某些对湿度敏感的物质或元件制作(如毛发、电容). 这里我们仅介绍日常生活中和物理实验室常用的干湿球湿度计,它由两只相同的温度计组成,如图 2-25 所示.

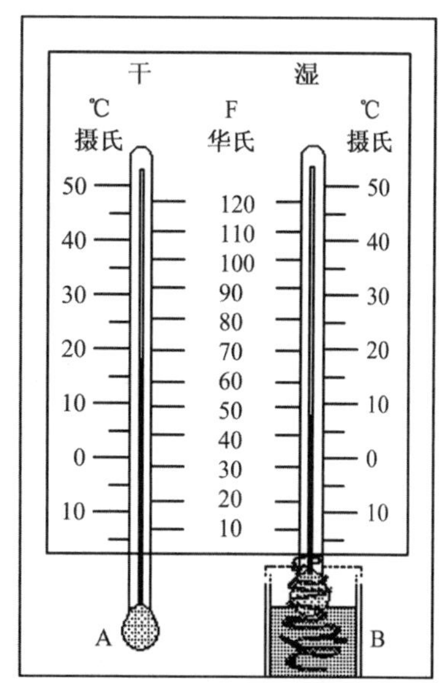

图 2-25　干湿球湿度计

温度计 A 指示室温;温度计 B 的测温球上绕有细纱布,布的下端浸在水槽中,故温度计 B 被称为湿温度计. 湿温度计由于水蒸发吸热,故它的温度低于温度计 A 的温度. 环境空气的湿度越小,蒸发就越快,两支温度计温差就越大. 干湿球湿度计就是根据两支温度计温差值来表示湿度大小的. 其温差大小代表相对湿度值,不同的干湿球湿度计有不同的对照表.

典型的干湿球湿度计相对湿度值如表 2-2

所示.

表 2-2　干湿球湿度计相对湿度值表

室温/℃	干湿温度差/℃										
	0	1	2	3	4	5	6	7	8	9	10
0	100	81	63	45	28	11					
2	100	84	68	51	35	20					
4	100	85	70	58	42	28	14				
6	100	86	73	60	47	35	23				
8	100	87	75	63	51	40	28	7			
10	100	88	76	65	54	44	24	20	14	4	
12	100	89	78	68	57	48	28	24	20	11	
14	100	90	79	70	60	51	32	28	25	17	9
16	100	90	81	71	62	54	35	33	30	22	15
18	100	91	82	73	64	56	48	39	34	26	20
20	100	91	83	74	66	59	51	43	37	30	24
22	100	92	83	76	68	61	54	48	40	34	28
24	100	92	84	77	69	62	56	50	43	37	31
25	100	92	85	78	71	64	58	51	45	40	34
28	100	93	85	78	72	65	59	55	48	42	37
30	100	93	86	79	73	67	61	56	50	44	39

2.2　电磁学实验基本仪器

电磁学实验中的测量大多借助于某些电学仪器、仪表来进行，因此，电学仪器、仪表的使用是否得当，读数是否准确，仪表本身性能如何，都直接与测量结果密切相关. 要使实验结果合乎要求，就要掌握好电学仪器、仪表的性能，并在实验过程中正确操作，这对保护电学仪器、仪表不致损坏也是很重要的. 因此，在开始进行电磁学实验前，我们有必要对基本电学仪器和仪表的原理、性能和使用方法及其仪器布线等有初步的了解.

2.2.1　实验室常用电源

电源有直流电源和交流电源两种. 常用的直流电源有干电池、蓄电池、晶体管稳压电源和稳流电源等.

干电池电动势通常为 1.5V，输出电压瞬时稳定性好，长期稳定性差，长期使用电压会降低，内阻会增大. 实验室常用铅蓄电池和镍镉蓄电池两种，每单瓶的电动势分别为 2V 和 1.25V.

实验室用得较多的是晶体管稳压电源. 晶体管稳压电源内阻小，输出电压长期稳定性好，瞬时稳定性较差，可连续调节输出，功率比较大，使用时要注意它能输出的最大电压和电流. 如 JDY2000-A 型直流稳压电源最大输出电压为 30V，最大输出电流为 3A. 晶体管稳压电源面板上通常有输出电压和输出电流指示表，有的是电压与电流共用一只表，靠一只转换开关切换指示.

直流稳流电源是指能在一定负载条件下输出稳定电流的电源，带负载能力强，内阻很大. 用户根据需要可调节稳定的输出电流值.

常用的电网电源是交流电源，交流电的电压可通过变压器来调节. 交流仪表的读数一般指有效值. 例如，交流 220V 就是有效值，其峰值为$\sqrt{2}\times220\text{V}=311\text{V}$.

用符号“AC”或“～”表示交流电，用符号“—⊖—”表示交流电源；用符号“DC”或“—”表示直流电，用符号“┤├”表示直流电源.

使用电源时必须注意以下几点：

(1) 严防电源短路，即不能将电源两极直接接通，使外电路电阻等于零.

(2) 使用电流不得超过电源的额定电流.

(3) 使用直流电源时要注意正、负极性.

2.2.2　电阻

物理实验室常用的电阻有滑动变阻器和旋转式电阻箱，现介绍其结构及其用法.

一、滑动变阻器

滑动变阻器的外形如图 2-26 所示. A，B 和 C 都是接线柱，滑动头 D 与接线端 C 是相连的. 移动滑动头 D，可改变 AC 和 BC 之间的电阻. 滑动变阻器在电路中用图 2-27符号表示. 滑动变阻器铭牌上标明的规格有：

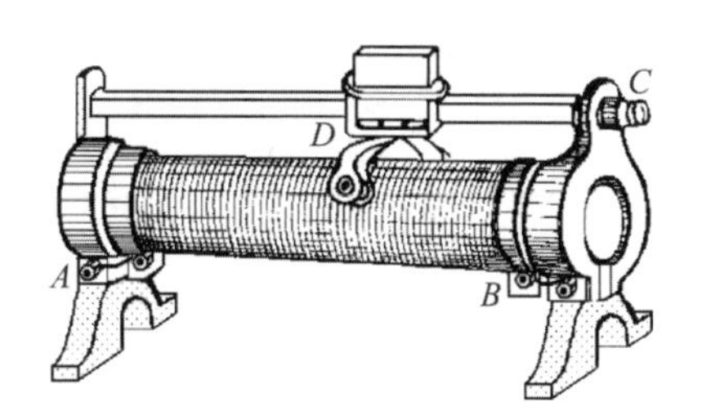

图 2-26　滑动变阻器的外形示意图

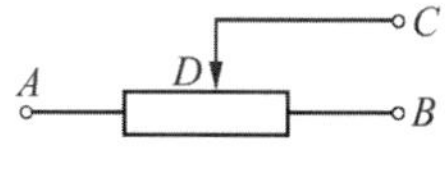

图 2-27　滑动变阻器

(1) 全电阻：即 AB 之间的电阻.

(2) 额定电流：即变阻器允许通过的最大电流.

滑动变阻器在电路中有两种接法：

(1) 限流电路. 如图 2-28(a)所示，将变阻器中的任一个固定端 A(或 B)与滑动头 D 串联在电路中. 当滑动头 D 向 A 移动时，A，D 间的电阻减小；当滑动头 D 向 B 移动时，A，D 间的电阻增大. 可见，移动滑动头 D，就改变了 A，D 间的电阻，也就改变了电路中的总电阻,从而使电路中的电流发生变化.

(2) 分压电路. 如图 2-28(b)所示,当滑动头 D 向 A 移动时,D,B 间电压 V_{DB} 增大;当滑动头 D 向 B 移动时,V_{DB} 减小. 可见,改变滑动头 D 的位置,就改变了 D,B(或 D,A)间的电压.

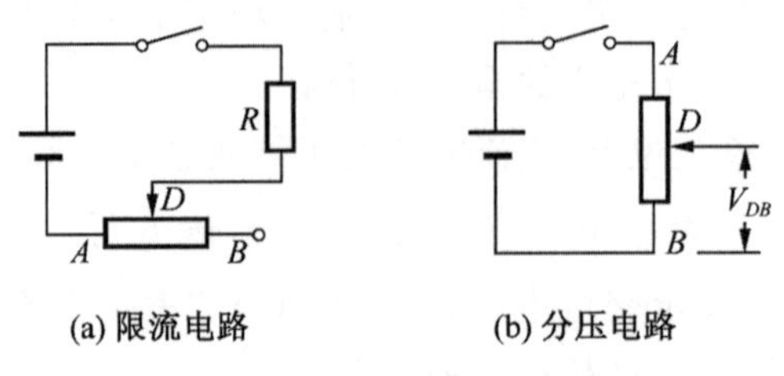

(a) 限流电路　　(b) 分压电路

图 2-28　滑动变阻器的两种接法

应当注意的是:分压电路与限流电路接法是不相同的,一定不能弄混！同时还应注意,开始实验前,限流电路中变阻器的滑动头应放在电阻最大的位置;分压电路中滑动头应放在分出电压最小的位置.(请同学们思考这是为什么?)

二、旋转式电阻箱

电阻箱是由若干个准确的固定电阻元件按照一定的组合方式接在特殊的变换开关装置上构成的,利用电阻箱可以在电路中准确调节电阻值. 图 2-29(a)表示某电阻箱的面板示意图,图 2-29(b)表示其内部线路示意图.

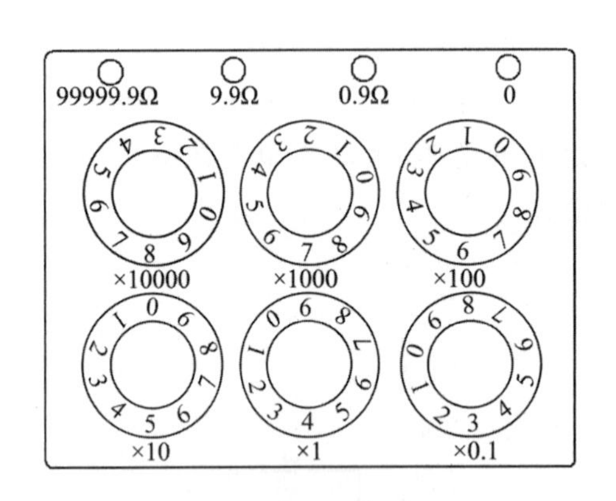

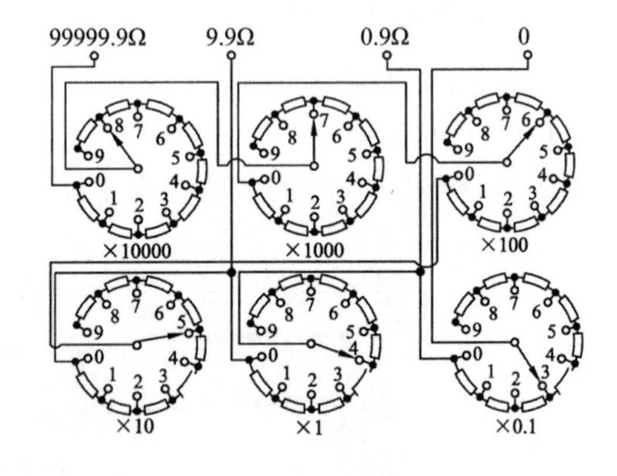

(a) 电阻箱的面板示意图　　(b) 电阻箱内部线路示意图

图 2-29　旋转式电阻箱

电阻箱的面板上有六个旋钮和四个接线柱,每个旋钮的边缘上都标有 0,1,2,3,…,9 等数字,靠旋钮边缘的面板上刻有×0.1,×1,…,×10000 等字样,也称倍率.

当某个旋钮上的数字旋到对准其所示的倍率时,用倍率乘上旋钮上的数字,即为所对应的电阻. 如图 2-29(a)中电阻箱面板上每个旋钮所对应的电阻分别为 3×0.1,4×1,5×10,6×100,7×1000,8×10000,总电阻为各旋钮阻值之和,即(3×0.1+4×1+5×10+6×100+7×1000+8×10000)Ω=87654.3Ω.

四个接线柱上标有 0,0.9Ω,9.9Ω,99999.9Ω 等字样,表示 0 与 0.9Ω 两接线柱的电阻调整范围为 0～0.9Ω;0 与 9.9Ω 两接线柱的阻值调整范围为 0～9.9Ω;0 与 99999.9Ω 两接线柱的阻值调整范围为 0～99999.9Ω.

电阻箱各旋钮容许通过的电流是不同的,电阻值越大,允许通过的电流越小.有时我们还可以在接线柱 0.9Ω、9.9Ω 与 99999.9Ω 间,0.9Ω 与 9.9Ω 间选用电阻.

电阻箱的规格有:

(1) 总电阻.即最大电阻.如图 2-29 所示的电阻箱总电阻为 99999.9Ω.

(2) 额定功率.指电阻箱中各电阻的额定功率.通常同倍率的 9 只电阻相同,因而具有相同的功率;而不同倍率的电阻值不同,有不同的额定功率.

由于电阻箱不同倍率下的电阻丝粗细不同,因此倍率不同的电阻,其额定电流值不同.倍率大的电阻丝细,倍率小的电阻丝粗,因此倍率大的电阻丝额定电流小.在使用电阻箱时大多是几只倍率的电阻联用,因此我们计算电阻箱允许通过的电流时,通常选大倍率电阻的额定功率计算.

例如,取值电阻为 684.7Ω 时,最大倍率为×100,依该倍率的额定功率计算允许电流.可以推知,该倍率中每挡电阻值为 100Ω,如果从电阻箱铭牌上找到×100 倍率的额定功率为 0.25W(通常就是此值),则可算出允许的最大电流为

$$I=\sqrt{\frac{W}{R}}=\sqrt{\frac{0.25}{100}}\mathrm{A}=0.05\mathrm{A}$$

过大的电流会使电阻发热,从而使电阻值不准确,甚至烧毁电阻.

(3) 电阻箱的准确度等级.用以表示取值电阻相对误差的百分数.

电阻箱的电阻阻值根据其误差的大小分成若干个准确度等级,一般分为 0.02,0.05,0.1 级等.由于各倍率电阻丝规格不同,因此,各倍率准确度等级一般不同,它们标在铭牌上.

设各倍率的等级分别为 $a_1, a_2, \cdots$,则电阻箱的基本误差为

$$\Delta(\text{仪}_1)=\sum_i[a_i\% \cdot R_i] \quad (R_i \text{ 为各倍率下的总示值})$$

(4) 电阻箱的残余误差(或零误差).指电阻箱本身的接线、焊接、接触等产生的电阻值,用 R_0 表示.

因此,电阻箱的仪器误差 Δ(仪)包含两部分:电阻箱的基本误差 Δ(仪$_1$)和残余误差 R_0,即

$$\Delta(\text{仪})=\Delta(\text{仪}_1)+R_0=\sum_i[a_i\% \cdot R_i]+R_0$$

电阻箱的仪器误差 Δ(仪)来源于电阻箱本身,但实际应用中,我们接到接线柱的接触电阻也是形成误差的一个因素.因此,高精度的电阻箱通常有为了减少接触电阻而设置一专用的低电阻接线柱.

2.2.3　电表

物理实验中常用的电表是磁电系仪表,这种仪表只适用于直流,具有灵敏度高

的特点.其读数靠指针在标尺上的偏转来显示.磁电系电表由表头和电阻元件组装而成.

一、电流计(表头)

磁电系表头的结构示意图如图 2-30 所示.与游丝连接的可动线圈置于磁场中,线圈通电后受电磁力矩作用便带动指针一起偏转,直到电磁力矩与游丝的扭转矩平衡时停止转动.这时指针偏转角度与通电电流成正比,所以可以在刻度盘上将指针偏转的角度显示为电流的大小.表头实际上是一个小量程的电流表,它可以测微小电流.

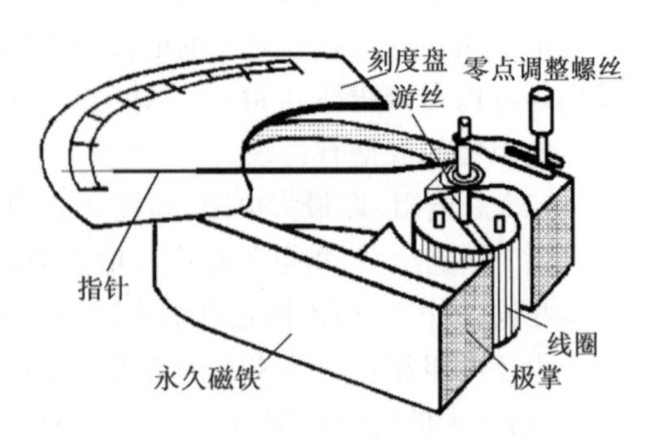

图 2-30　磁电系表头的结构示意图

二、检流计(灵敏电流计)

专门用来判别电路中两点电位是否相等或检查电路中有无微弱电流通过的电流计称为检流计,它分为指针式和光点式两类.

检流计检测的电流是非常小的,以 AC5 系列指针式检流计为例,有 10^{-7}A 电流流过检流计,指针就有偏转了.光点式检流计检流灵敏度更高.因此,使用检流计时,要保护检流计!不能让过大的电流通过它.现就指针式检流计使用知识做如下介绍.

假如我们要调试某电路,使电路中 A 和 B 两点的电位相等.如果不等,必须调电路相关元件,使它们的电位相等.这可用检流计接到 A 与 B 之间检测.

如果电位不等,则检流计指针偏转.下面介绍一下如何正确使用检流计.

我们以图 2-31(a)所示的Ⓖ表示检流计的表头.如果按图 2-31(b)所示把检流计接入 A,B 两点,很有可能严重损坏检流计.因为可能两点的电位差较大,足以打弯检流计指针或烧坏检流计线圈.图 2-31(b)中无开关,这种接法是极其错误的.如果按图 2-32 所示加进一只按键开关,是否就完美了呢?如果 A,B 两点电位差比较大,则按下开关 S,检流计也将受到一个极大冲击,还是很有可能损坏检流计.

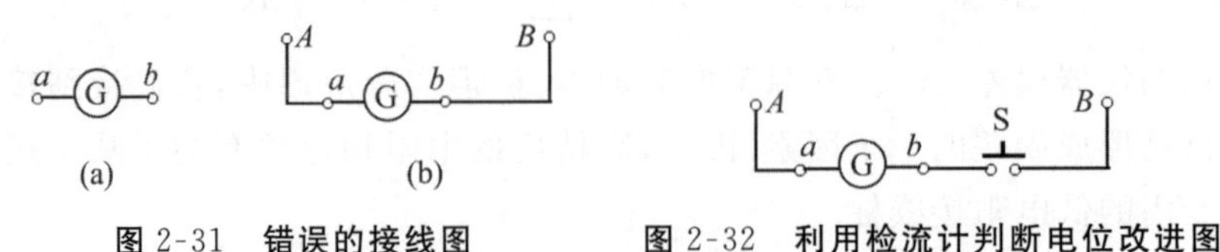

图 2-31　错误的接线图　　图 2-32　利用检流计判断电位改进图

因此,为了检流计的安全,我们可以采用如图 2-33 所示的接线.图中增加了一只大电阻 R,用了两只常开按键.

开始测判 A,B 两点电位是否相等时,先按开关 $S_{粗}$,这时,即使 A,B 两点电位差较大，由于大电阻 R 起限流作用，流过检流计的电流不至于过大. 大电阻 R 起到限流、保护检流计的作用.

在操作上要注意的是，在打算按下开关时就要做好立即断开开关的准备，因为有可能电流还是过大而损坏检流计.

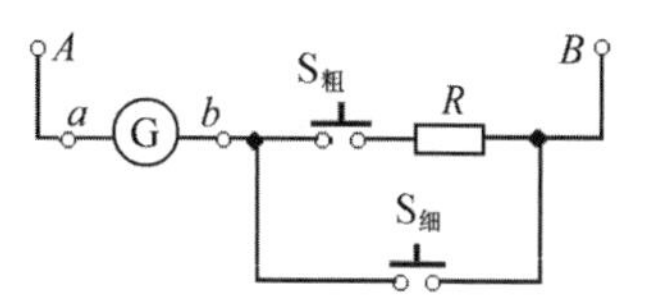

图 2-33 正确的利用检流计判断电位的电路图

按图 2-33 所示电路的操作方法是：先按下开关 $S_粗$，判断检流计指针是动还是不动，如果动，应立即松开 $S_粗$，调节电路相关元器件后，再判之. 重复判、调、判数次，直到按下开关 $S_粗$，检流计指针几乎不动为止，这说明两点电位基本相等了. 之后，用开关 $S_细$ 进行精细判断 A，B 两点电位是否相等，方法同上.

图 2-33 所示电路在操作上还有一个不便，那就是判断 A，B 两点电位不等而松开开关后，检流计指针左右摆动不停，必须等很长时间指针才能停下来. 为此，我们在检流计表头两端再增加一只常开按键开关 $S_{短路}$，如图 2-34 所示. 按下 $S_{短路}$，表头线圈便形成闭合回路，线圈的摆动便能产生感生电流，磁场对感生电流的作用将阻碍线圈振荡，于是检流计指针能很快停下来.

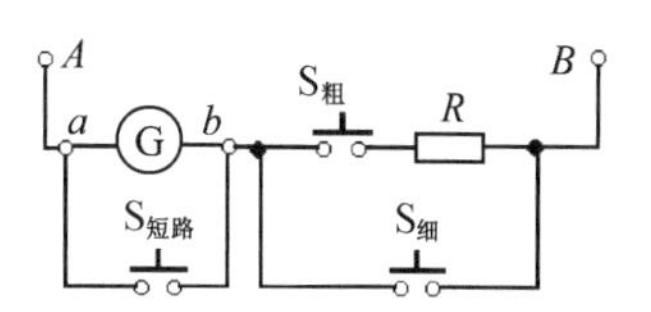

图 2-34 检流计判电位改进图

指针式检流计的主要规格如下：

① 电计常数：为指针偏转一小分格所对应的电流值，通常数量级为 10^{-6}～10^{-7} A/格.

② 内阻：即检流计两端的电阻，从几十欧到几千欧不等.

（一）AC 5/4 型指针式检流计

AC 5/4 型指针式检流计外形如图 2-35 所示，其内部等效电路如图 2-36 所示. 检流计指针零点在刻度的中央，便于检测不同方向的电流.

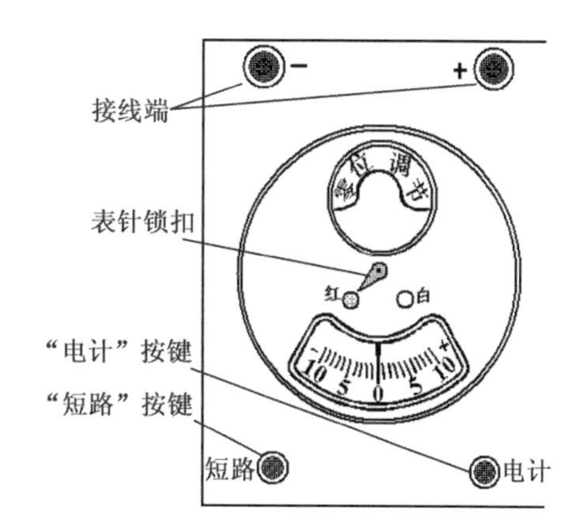

图 2-35 AC 5/4 型指针式检流计外形图

使用方法如下：

(1) 在使用中总要串联一个大电阻，以保护检流计.

(2) 将面板中间的表针锁扣由红色圆点拨向白色圆点.

表针锁扣置红色圆点位置时，可以把指针锁住. 这在搬动检流计或不用检流计时，可以保护检流计扭丝.

(3) 按下"电计"按键，则接通检流计电路. 如果发现指针已经动了，要立即松开"电计"按键.

(4) 松开"电计"按键后，指针可能会左右晃动不停，此时可按下"短路"按键止动.

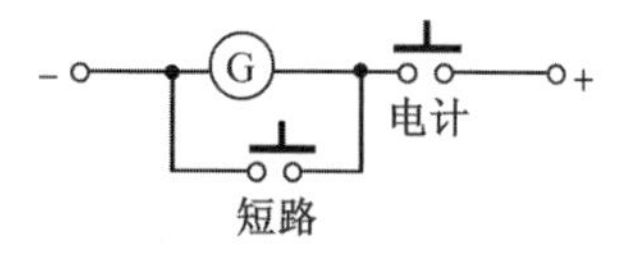

图 2-36 AC 5/4 型指针式检流计内部等效电路

注意：按住“电计”按键或“短路”按键右旋，可将这两只常开按键变为常闭．要想恢复常开，则按住它们左旋一下弹出即可．

（二）AC 15/4 型直流光点检流计

AC 15/4 型直流光点检流计主要由磁场部分、偏转部分和读数部分组成，如图 2-37(a)所示，读数部分采用光线多次反射的光学系统替代普通电表的指针式示数方法，实现了线圈偏转角度的光放大，大大提高了检流灵敏度．

在永久磁极与软铁柱间的磁场分布大致呈均匀辐射状，如图 2-37(b)所示．一个由细导线绕制的矩形线圈悬挂于磁隙之间，并能以悬丝为轴转动．悬丝有良好的扭转弹性，且与线圈的导线两端接通．一极轻的小反射镜 P 紧固在悬丝前．

以一束平行光照射小镜，当线圈有电流时，磁场作用于导线的力使线圈转动，小镜的反射光束随之改变方向．

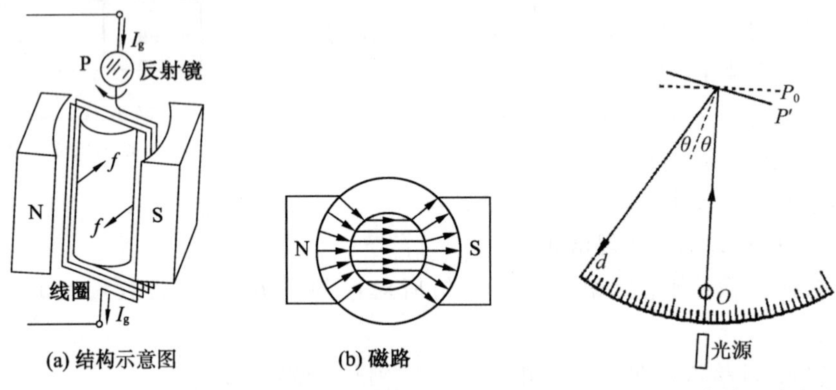

图 2-37　光点检流计的主要组成部分　　图 2-38　光点检流计光路

设有电流通过线圈，反射光的光标位于弧形标尺的 O 点上．当线圈通以电流 I_g 后受到的磁力矩与悬丝的反向扭力矩相等时，线圈将不再转动，则反射光标将固定在标尺刻度的一定位置上，如图 2-38 所示．电流 I_g 的大小与光标的位移 d 成正比．

AC 15/4 型直流光点检流计的每个分度的电流小于 10^{-9} A，它是一种灵敏度很高的检流计．它的面板如图 2-39 所示，面板上各个开关和旋钮的功能如下：

① 电源选择开关“220V，6V”．

当 220V 电源插座接上 220V 交流电时，开关置于“220V”处，电源接通，光点照明灯泡亮；当 6V 电源插座接上 6V 电压时，开关置于“6V”处，照明器接通 6V 电源．

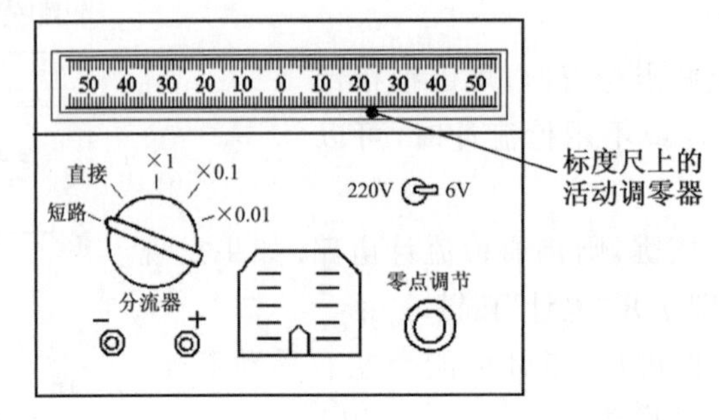

图 2-39　AC 15/4 型直流光点检流计的面板图

② “零点调节”旋钮.

此旋钮作为光标零点粗调. 标度尺上有活动调零器，用作光标零点的细调.

③ “+”“−”接线柱.

“+”“−”接线柱用来接通测量电路. 电流从“+”端流入，从“−”端流出，检流计光标向右偏转；反之，检流计光标向左偏转.

④ “分流器”选择开关.

AC 15/4 型直流光点检流计分流器电路如图 2-40 所示.

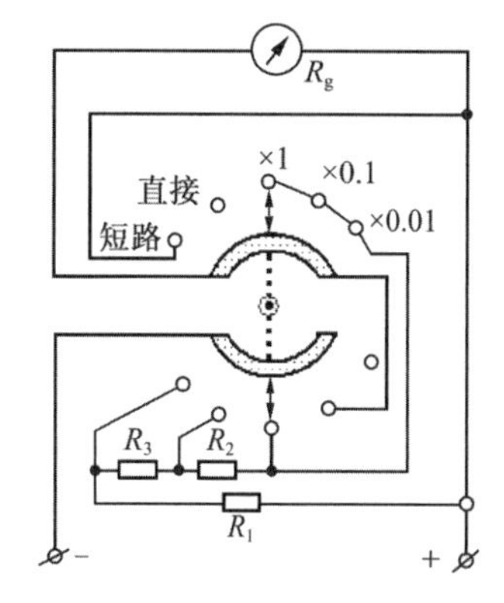

图 2-40　AC 15/4 型直流光点检流计分流器电路图

“短路”挡：置于此挡，使检流计线圈短路，以防止检流计拉丝因震荡而损坏，其等效电路如图 2-41(a)所示. 在测量中当光标不断摇晃时，可用此“短路”挡，使检流计线圈因阻尼而停下来. 在改变电路、移动检流计或测量完毕时，均应将检流计置于“短路”挡.

“直接”挡：此时接入检流计的电流全部经过检流计线圈，没有分流，其等效电路如图 2-41(b)所示. 如标尺找不到光标时，注意在不给检流计通电的情况下，可将“分流器”选择开关置于“直接”挡，并使检流计轻微摆动，如有光标扫掠，则可调节“零点调节”旋钮，将光标调至标度尺内. 如果检流计轻微摆动时无光标扫掠，应检查照明灯泡是否损坏或对光是否不准.

“×1”挡：输入检流计的电流有一部分从 R_1，R_2，R_3 相串联的支路分流，另一部分由检流计线圈经过，两部分比例差不多为 1(相等)，其等效电路如图 2-42(a)所示.

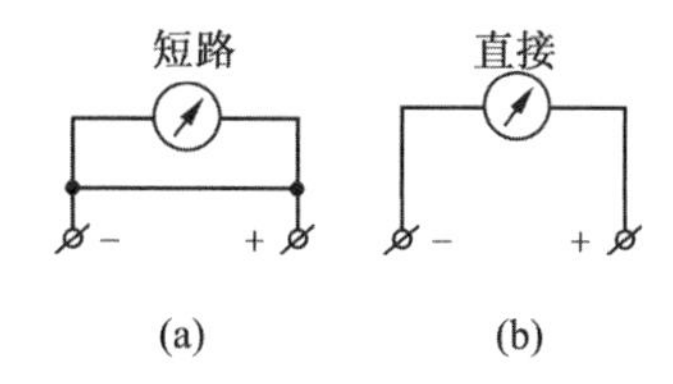

图 2-41　“短路”挡与“直接”挡的等效电路图

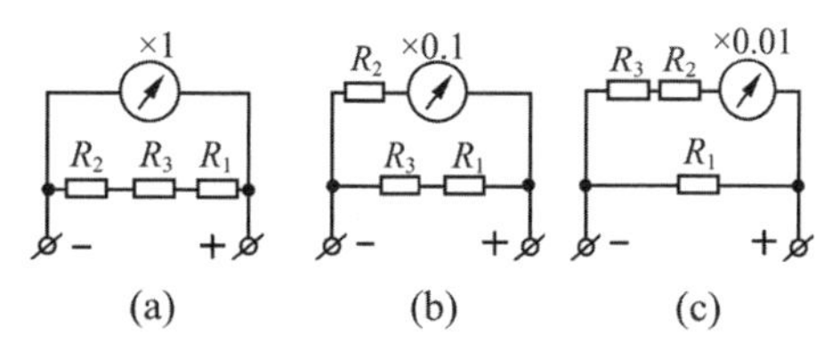

图 2-42　不同分流的等效电路图

“×0.1”挡：输入检流计的电流有一部分从 R_1，R_3 相串联的支路分流，另一部分由检流计线圈与 R_2 相串联的支路经过，经过检流计线圈的电流差不多是总输入电流的 0.1 倍，其等效电路如图 2-42(b)所示.

“×0.01”挡：输入检流计的电流有一部分从 R_1 的支路分流，另一部分由检流计线圈与 R_3，R_2 相串联的支路经过，经过检流计线圈的电流差不多是总输入电流的 0.01 倍，其等效电路如图 2-42(c)所示.

测量时应该先从“×0.01”挡开始，这样只有 1%的电流流经检流计线圈，其余 99%的电流被分流掉. 当偏转不大时，方可逐步转到高灵敏度挡进行测量.

三、直流电流表(安培表)

直流电流表的用途是测量电路中直流电流的大小，它是在表头线圈上并联一个阻值较小的分流电阻构成毫安表或微安表等,如图 2-43 所示.表头并联不同的分流电阻便形成不同量程的电流表,并联的分流电阻越小,电流表的量程就越大.

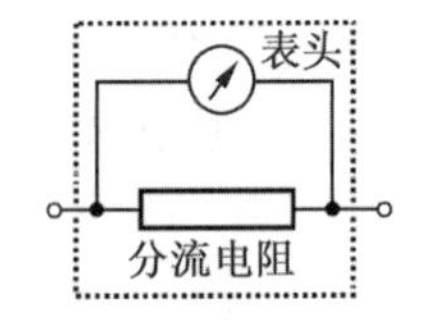

图 2-43 电流表的构造

直流电流表的主要规格有量程和内阻等.

(1) 量程:即指针满偏时的电流值.实验室用电流表通常有多种量程.

(2) 内阻:即电流表两端的电阻.量程越大,内阻越小.

一般安培表内阻在 0.1Ω 以下,毫安表、微安表的内阻可达几百欧到几千欧.

四、电压表(伏特表)

如图 2-44 所示,在表头线圈上串联一个附加的高电阻,就成了电压表.附加高电阻起分压和限流作用,并使绝大部分的电压降落在附加电阻上.电压表的用途是测量电路中两点间的电压大小.

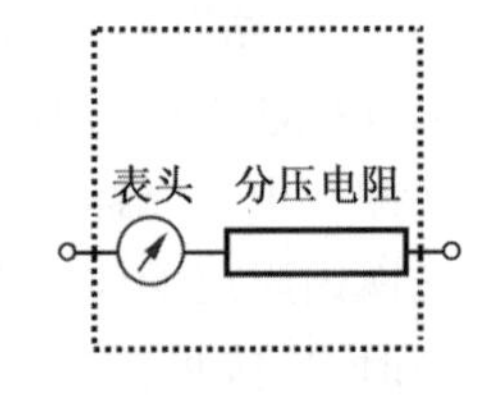

图 2-44 电压表的构造

电压表的主要规格有量程和内阻等.

(1) 量程:即指针偏转满度时的电压值.实验室用电压表通常有多种量程.

(2) 内阻:即电压表两端的电阻.同一电压表的不同量程,其内阻不同.

例如,某 0—3V—6V 的电压表,它的两个量程的内阻分别为 3000Ω 和 6000Ω,但是,由于各量程的每伏欧姆数都是 1000Ω/V,所以电压表的内阻一般用 Ω/V 统一表示.量程的内阻可用下式计算:

$$内阻=量程\times每伏欧姆数$$

五、电气仪表的符号标记

一般电气仪表的面板上都有符号标记,其意义如表 2-3 所示.

表 2-3 常用电气仪表面板上的符号标记

符号	符号意义	符号	符号意义	符号	符号意义
∩	磁电式仪表	⊥	电表垂直放置	1.5	以量限百分数表示的准确度等级为 1.5
[illegible]	电磁式仪表	∠45°	与水平面成 45°放置	(1.5)	以示值百分数表示的准确度等级为 1.5
[illegible]	电动式仪表	—	直流表	[Ⅱ] [Ⅱ]	Ⅱ级防外磁场和电场
[illegible]	静电式仪表	～	交流表	☆2	绝缘强度试验电压为 2kV
⊓	电表水平放置	≃	交直流两用表	*	多量限表的公共端

某电表面板上有如图 2-45 所示的符号标记,则可知该电表属磁电式直流电表,0.5 级,Ⅱ级防外磁场,绝缘强度试验电压是 2kV,电表应水平放置使用.

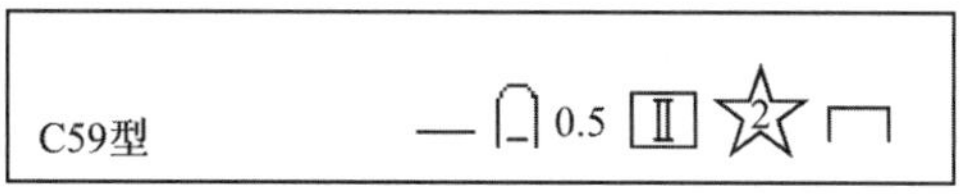

C59型　— 0.5 Ⅱ 2

图2-45　某电表面板上的符号标记

六、电表量程的选择

当使用某一量限测量出测量值为 x，被测量量的最大相对误差为

$$E=\frac{\Delta_{\max}}{x_0}\times 100\%\approx\frac{\Delta_{\max}}{x}=\frac{A_M}{x}\cdot k\%$$

可见，被测量量 x 越接近满量程值 A_M，则其相对误差越小. 因此，使用电表测量时，应尽可能使指针指在仪表满刻度值三分之二以上. 不过要强调指出，这只是指按电表所规定的条件下使用时电表本身所能达到的准确度. 如果你一味追求要让指针尽可能满偏，有时反而会造成更大的误差. 比如，测大电阻两端的低电压，由于电压表内阻随量程变大而增大，选量程大的电压表测量，误差反而小，因为量程大的电压表分流小.

七、电表读数的有效数字位数

已知电表级别 k 和量程 A_M，电表的最大绝对误差为

$$\Delta_{\max}=A_M\times k\%$$

它表示该表一次测量的可靠程度. 测量结果的有效位数由最大绝对误差决定.

例如，量程为 100mA 的 1.0 级的电流表共分 100 个小格，仪表示值为 80.0，应如何记数？

由电表级别与量程，先求出最大绝对误差为 $\Delta_{\max}=100\times 1\%\text{mA}=1\text{mA}$.

故读数 80.0 的个位上已经欠准了. 如果严格按直接测量读数只保留一位欠准数字的原则，则应该记测的数据是 80mA 而不是 80.0mA. 如果不是 1.0 级而是 0.5 级的电流表，则应该记读的数为 80.0mA.

八、使用电表的注意事项

1. 选择量程. 如果选择量程小于被测量量，会使电表损坏；如果选择量程太大，指针偏转太小，测量误差大. 使用时应事先估计待测量量的大小，选择稍大量程，试测一下，再选用合适的量程.

2. 注意电流方向. 直流电表接线时一定要特别注意"＋""－"极性，搞错了就极易出事故，打弯指针.

3. 注意电表联接. 电流表必须串入电路，电压表则应与被测电压端并联.

4. 视差问题. 读数时，视线必须垂直于刻度表面. 对有镜子的电表，必须让眼睛放在能看到指针与指针在镜中的像重合的位置读数(三线对齐).

2.2.4 多用表

多用表主要由表头和由转换开关控制的测量电路组成.实际上它是根据改装电表的原理,将一个表头分别连接各种测量电路而改成多量程的电流表、电压表及欧姆表,是既能测量直流又能测量交流的复合表.它们合用一个表头,表盘上有相应于测量各种量的几条标度尺.图 2-46 所示的是 500 型多用表的表盘示意图.

表头用以指示被测量量的数值,测量线路的作用是将各种被测量量转换到适合表头测量的直流微小电流.转换开关实现对不同测量线路的选择,以适应各种测量的要求.图 2-47 所示的是 MF 型多用表的转换开关示意图.

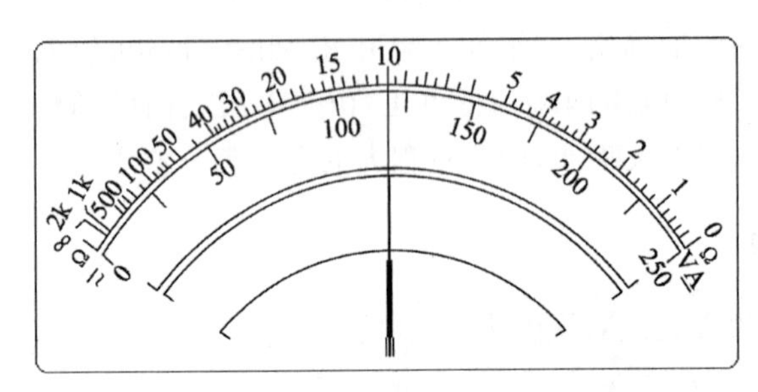

图 2-46　500 型多用表的表盘示意图

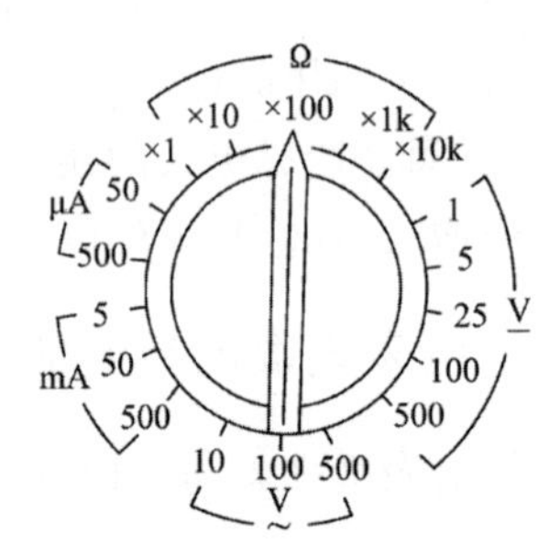

图 2-47　MF 型多用表的转换开关示意图

表的功能表盘上有各种不同的刻度,以指示相应的值,如电流值、电压值(有交、直流之分)及电阻值等.

对于某一测量的内容,一般分成大小不同的几挡,在测量电压和电流时,每挡标明的是它相应的量限,即使用该挡测量时所允许的最大值,并且表盘的刻度均匀.而测量电阻时每挡标明的是不同的倍率,而不是量限,并且表盘的刻度不均匀.

用多用表测电压和电流的使用方法同电压表和电流表的使用方法一样,这里我们仅介绍多用表作为欧姆表使用时测量电阻的一般知识.

欧姆表测电阻的原理如图 2-48 所示.表头、干电池 E、可变电阻 R_0 及待测电阻 R_x 串联构成回路,电流 I 通过表头即可使表头指针偏转,其值大小为

$$I=\frac{E}{R_g+R_0+R_x} \tag{2-7}$$

由上式可知,当电池电压一定,指针偏转大小与总电阻成反比.当被测电阻 R_x 改变时,指针位置相应变化.可见表头指针位置与被测电阻的大小是一一对应的,如果表头的标度尺按电阻值刻度,这就可以直接用来测量电阻了.但是电流与被测电阻不成比例,故刻度是不均匀的.

被测电阻无穷大(两表棒断开),则电流值 $I=0$,指针指在最左端;被测电阻为零(两表棒短接),则电流值为最大,$I=I_{max}$,指针指在最右端.如果被测电阻与内阻相等($R_x=R_g+R_0$),则电流值等于最大电流值的一半,$I=\frac{I_{max}}{2}$,指针指在表盘中间刻度位

置. 可见,欧姆表表盘刻度不均匀. 而且表盘中间刻度值就是欧姆表的内阻,我们称它为中值电阻(图 2-49).

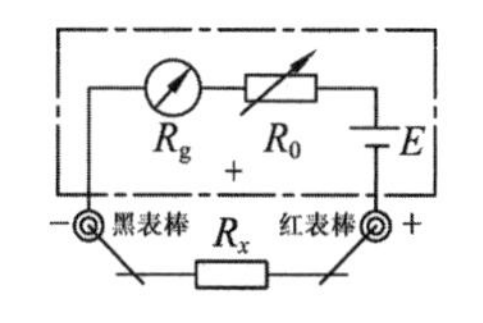

图 2-48 测电阻原理图

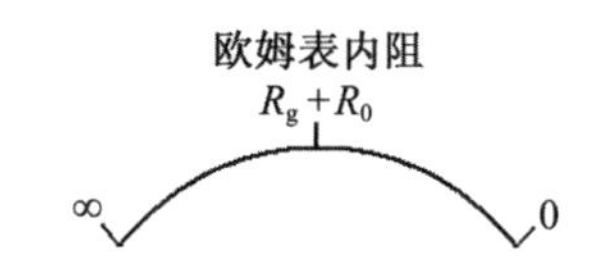

图 2-49 欧姆表表盘刻度不均匀

两表棒直接接触,即被测电阻为零,指针应该满偏. 如果电池使用时间长了,电流就会降下来,达不到满偏,此时可调整电阻 R_0 的值,使它满偏. 这个过程被称为欧姆表调零.

欧姆表的读值方法是:被测电阻值等于表盘指针读数乘以转换开关指示的倍率. 显然,不同倍率下欧姆表内阻不同.

使用多用表的基本方法及注意事项:

(1) 使用多用表前,必须熟悉每个转换开关、旋钮、插孔或接线柱的作用,了解表盘上每条刻度线所对应的被测电学量.

测量前必须明确要测什么和怎样测,然后拨到相应的测量种类和量程挡上. 若预先无法估计被测量量的大小,应先拨到最大量程挡,再逐渐减小量程到合适的位置. 每一次拿起表笔准备测量时,务必再核对一下测量种类及量程选择开关是否拨对位置.

(2) 使用多用表时,一般应将其水平放置.

(3) 测量完毕,量程开关拨到最高交流电压挡或置于"关"的位置.

(4) 测直流时,应注意正负极性,以防碰弯表针.

(5) 测电流时,因电流表串联在电路中,会分掉部分电路电压. 如被测电路的电源内阻和负载电阻都很小,应尽量选择较大的电流量程.

(6) 测电压时,如误用直流挡去测交流电压,表针就不动或略微抖动;误用交流挡测直流,读数可能偏高,也可能读数为零. 选取的电压量程,应尽量使指针偏转到满刻度的$\frac{1}{3}$～$\frac{1}{2}$以上.

(7) 严禁在测高压或大电流(220V 或 0.5A 以上)的同时去拨动量程开关. 当交流电压上叠加有直流电压时,交、直流电压之和不得超过转换开关的耐压值,必要时需串联隔直电容(如 0.1μF/450V 电容).

(8) 当被测电压大于 100V 时必须注意安全,应养成单手执双笔测量的操作习惯.

(9) 测高电阻电源电压时,应尽量选择较大的电压量程. 因为量程越大,内阻也越高.

(10) 不能直接用多用表测非正弦电压. 若要测非正弦电压,需对多用表进行改装.

(11) 不允许测带电体的电阻,包括电池的内阻.

(12) 每次更换电阻挡时，应重新调节欧姆零点.

(13) 测电阻时应选择合适的倍率，使表针尽量指在表盘中心位置附近范围内.

(14) 测高阻值电阻，要防止引入人体电阻，两手不能捏住表笔金属部分.

(15) 测有极性元件的等效电阻时(如二极管)，应注意黑表笔是多用表内电池正极(系指指针式多用表).

(16) $R\times10$k 电池电压较高，不能检测耐压很低的元件(如小于6V的电解电容).

(17) 不能用电阻挡直接测高灵敏度表头的内阻.

(18) 测量有感抗的电路中的电压时，须先断开多用表，再切断电源.

(19) 长期不用的多用表，应取出内部电池.

2.2.5 仪器布置与线路连接

要获得正确的实验测量结果，实验仪器的布置和线路的正确连接是十分重要的，仪器布置不恰当，实验时就不顺手，而且造成接线混乱，不便于检查线路，容易出错，损坏仪器. 因此，需要学习和训练仪器布置和接线方面的技能.

1. 仪器设备不一定要完全按照实验电路中的位置一一对应，而是将要读数的仪器放在近处，其他仪器放在远处；使用高压时，高压电源要远离人身.

2. 从电源正极开始按回路对点接线. 当电路复杂时，可将之分成几个小回路，逐个回路接线. 接线时应充分利用电路中的等位点，避免在一个接线柱上集中过多的导线连接片(一般不允许超过三个).

3. 实验使用的电源多半是可调稳压电源，实验开始前先把稳压电源开关打开，让电源通电，观察稳压电源输出电压的调节方法. 之后把稳压电源输出电压调为零，并关闭稳压电源开关后再接线路.

接线规则是先接线路，后接电源；实验完毕的拆线规则是先断电源，后拆线路. 按图接好线路后，要自行仔细检查一遍，再请教师复查后，才能接通电源.

4. 调试电路、保护仪表的技巧.

接好实验线路后，线路不一定正确. 如果线路有错误，则通电后很可能烧坏电路元件和测量仪表. 因此，判断电路接得正确与否特别重要. 这里介绍一个调试电路的基本技巧，以保护仪表的安全.

实验前先把稳压电源输出电压调成零，再稍微上调一点点电压(注意动作一定要轻，只加一点点电压，即指电压表或电流表能有偏转方向的反应)，观察电路中电表指针的变化情况. 如果电路正确，电表指针偏转方向正确；反之，则需检查电路.

5. 在实验中，必须全局观察整个线路上的所有仪器和元器件，如发现有异常(如指针超出量限、指针反转、出现焦臭味等)，应立即切断电源，重新检查，找出原因. 若电路正常，可用较小的电源输出定性观察实验现象，再加电压进行定量实验操作.

6. 整个操作过程可概括为四句话："手合电源，眼观全局，先看现象，再读数据."

7. 测得数据后，应当用理论知识判断数据是否合理，有无遗漏，是否达到了预期目的，在自己确认无疑又经教师复核后，方可拆除线路，并整理好仪器用具.

2.2.6　标准电池及标准器

标准器就是准确度等级较高，可以作为标准的器件物品. 电磁学实验中，常用的标准器有标准电阻、标准电容、标准电感和标准电池.

一、标准电阻

标准电阻用锰铜线或锰铜条制成，这种合金电阻温度系数很小(约 0.00001 ℃$^{-1}$). 低值标准电阻为了减小接线电阻和接触电阻，设有 4 个端钮. 使用标准电阻时应注意使用时的温度，应在小于额定功率下使用，并放置在温度变化小的环境中.

二、标准电容

标准电容有气体介质(空气、氮、真空)电容器和固体介质(熔融石英、白云母)电容器，常用的有空气电容器和云母电容器. 云母电容器除做成固定式以外，还可以做成十进式电容箱. 标准电容器的准确度等级有 0.01，0.02，0.05，0.1 和 0.2 五级，电容箱的等级较低，有 0.05，0.1，0.2，0.5 和 1 五个等级. 标准电容工作条件指标有额定电压、最大电压、工作频率范围. 标准电容器一般有三个端钮，即两个测量电极(常记为"1""2")和一个绝缘的屏蔽外壳端钮(常记为"0"). 一般使用时，屏蔽外壳端钮和一测量电极相接. 使用标准电容时应注意周围电场对电容值的影响. 标准电容技术指标包含额定值、损耗角正切值、测试系数和准确度等级以及工作条件.

三、标准电感

标准电感分标准自感器和标准互感器两大类. 每类又分为定值和可变两种形式. 准确度等级分为 0.01，0.02，0.05，0.1 和 0.2 五种. 标准电感技术指标包含额定值、直流电阻、工作频率范围及基本误差(或等级).

四、标准电池

国际上规定以标准电池的电动势作为电动势的国际标准. 在电位差计实验中，标准电池作为校正电位差计工作电流标准化之用.

标准电池有国际标准电池(也称为饱和标准电池)和非饱和标准电池两种. 其外形与内部结构如图 2-50 所示.

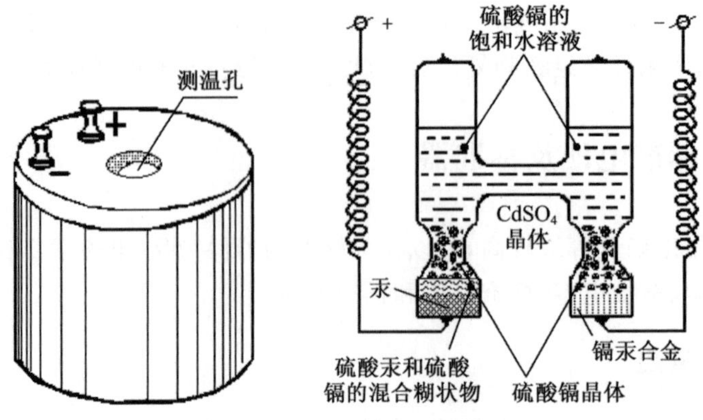

图 2-50　标准电池外形与内部结构

（一）饱和标准电池

标准电池用纯汞做阳极，镉汞合金（12.5％Cd＋87.5％Hg）做阴极，用硫酸镉（$CdSO_4$）的饱和水溶液做电解液，硫酸汞做去极剂.

正极水银（Hg）上面是硫酸汞（$HgSO_4$）和碎硫酸镉晶体$\left(CdSO_4+\frac{8}{3}H_2O\right)$所混成的糊状物，再上面是硫酸镉晶体，晶体上面是硫酸镉的饱和水溶液，做电解液.

负极镉汞合金上面是硫酸镉晶体，再上面是硫酸镉的饱和水溶液. 容器的连接部分充满电解液. 由于在电池正负极上沉有硫酸镉晶体，因此，在任何温度下硫酸镉溶液总是饱和的. 电池容器在上端封口.

标准电池是实验室常用的电动势标准器，在正确使用的情况下，这种电池的电动势极其稳定，不产生化学副反应，几乎没有极化作用，并且它的内阻在相当大的程度上不随时间而变化，电动势与温度的关系可以准确地掌握，国际上各国采用的修正公式略有不同. 我国经过大量科学实验与现场使用，总结出温度为 t ℃时的电动势 ε_t 与温度为 20℃的电动势 ε_{20} 的关系式（即修正公式）如下：

$$\varepsilon_t=\varepsilon_{20}-[39.9(t-20)+0.929(t-20)^2-0.009(t-20)^3+0.000006(t-20)^4]\times10^{-6}\,\mathrm{V}$$

20℃时，$\varepsilon_{20}=1.01859\mathrm{V}$.

我国生产的标准电池的稳定度及使用时的偏差均达到了国际上的先进水平. 饱和标准电池按准确度可分为Ⅰ，Ⅱ，Ⅲ三个等级.

Ⅰ级，最大允许电流为 1μA，内阻不大于 1000Ω，$E=0.0005\%$；

Ⅱ级，最大允许电流为 1μA，内阻不大于 1000Ω，$E=0.001\%$；

Ⅲ级，最大允许电流为 10μA，内阻不大于 600Ω，$E=0.005\%$.

使用标准电池时必须注意以下几点：

(1) 使用过程中，其输出或输入的最大瞬时电流不宜超过 5～10μA，否则电极上发生的化学反应将改变其成分和组成，失去电动势的标准性质.

(2) 不能使电池短路，也不允许用电压表去测标准电池两端的电压值，更不能将它作为电源使用. 在任何时候，标准电池都不能经受振动摇晃、倒置和倾斜等.

(3) 标准电池的电动势随室温的变化将发生较小的变化,故使用前需测出室温,利用修正公式进行电动势的校正,使用温度范围为0~40℃.

(二) 非饱和标准电池

其结构与饱和标准电池基本相同,只是电池内没有硫酸镉晶体.在温度高于4℃时,用作电解液的硫酸镉溶液就不饱和.由于电流作用,电解液浓度要发生变化,因此,这种电池的稳定性比饱和标准电池电动势的稳定性要低得多.

但它的优点是内阻较小(不大于600Ω),温度系数小,在10℃~40℃范围内,每变化1℃电动势变化不会超过15μA,故一般应用时可以不做温度修正.饱和标准电池比非饱和标准电池的温度系数要大4倍以上.

2.3 光学仪器

光学仪器的应用非常广泛,它可将像放大、缩小或记录存储,可以实现不接触的高精度测量.利用光谱仪器可研究原子、分子和固体的结构,测量各种物质的成分和含量等.特别是激光的产生和发展,近代光学和电子技术的密切配合,以及材料和工艺上的革新等,使光学仪器在科学研究、工程技术和国民经济的各个领域几乎成为不可缺少的工具.

实验与理论的紧密结合是光学实验的突出特点,在光学实验中必须应用理论知识来指导实践.另外,光学实验对实验者的实验素养要求比较高,很多光学测量都是实验者通过对仪器的调整,对目标的观察与判断后才读数的,实验者的理论基础和操作技能的高低都会影响测量结果的可靠性.因此,实验者应在实验中不断地总结经验,提高实验素养,尽量排除假象和其他因素的干扰,力求客观而正确地反映实际.

2.3.1 光学仪器的使用与维护规则

光学仪器一般比较精密,其核心部件是它的光学元件,如各种透镜、棱镜、反射镜、分划板等,对它们的光学性能(如表面光洁度、平行度、透过率等)都有相当要求.光学元件极易损坏.最常见的损坏有下列几种:破损、磨损、污损、发霉、腐蚀等.在使用和维护光学仪器时,必须遵守下列规则:

(1) 必须在了解仪器的使用方法和操作要求后才能使用仪器.

(2) 仪器应轻拿、轻放、勿受震动.

(3) 不准用手触摸仪器的光学表面.如果必须用手拿某些光学元件(如透镜、棱镜等)时,只能接触非光学表面部分,即磨砂面,如透镜的边缘、棱镜的底面等.

(4) 光学表面若有轻微的污痕或指印,可用特别的镜头纸轻轻地拂去,不能用力擦拭，更不准用手、手帕、衣服或其他纸片擦拭. 使用的镜头纸应保持清洁(尤其不能粘有尘土). 若表面有较严重的污痕、指印等，一般应由实验室管理人员用乙醚、丙酮或酒精等清洗(镀膜面不宜清洗).

(5) 光学表面如有灰尘，可用实验室专备的干燥脱脂软毛笔轻轻掸去，或用橡皮球将灰尘吹去，切不可用其他物品揩拭.

(6) 除实验规定外，不允许任何溶液接触光学表面.

(7) 在暗室中应先熟悉各种仪器用具安放的位置. 在黑暗的环境下摸索仪器时，手应贴着桌面，动作要轻缓，以免碰倒或带落仪器.

(8) 仪器用毕，应放回箱内或加罩，防止尘土沾污.

(9) 光学仪器装配精密，拆卸后很难复原，因此，严禁私自拆卸仪器.

2.3.2 光源

一、白炽灯

白炽灯是根据热辐射原理制成的，一般照明用的钨丝白炽灯，灯丝通电后温度升高到白炽状态而发出可见光，同时产生大量红外辐射和少量紫外辐射. 灯泡被抽真空后，充入氩、氮等气体. 这类气体能抑制钨的蒸发，延长使用寿命，同时可大大提高灯丝温度，从而提高光效. 常用的碘钨灯、溴钨灯被当作强光源，广泛用于摄影照明灯、投影灯、幻灯和电影放映机等光源. 实验室用的白炽灯电源电压一般有 220V 和 6.3V 两种.

二、汞灯

汞灯是利用汞蒸气放电、发光而制作的灯的总称. 按汞蒸气气压及用途的不同，可分为低压汞灯、高压汞灯和超高压汞灯.

汞灯从启动到正常工作需一段预热时间，通常为 5～10min. 汞灯关闭后，决不能立即开启电源，必须待灯丝冷却、汞蒸气凝结后再开启，否则会影响汞灯寿命. 冷却过程需要 5～10min.

需要指出的是，汞灯辐射紫外线比较强，使用时应避免直视. 此外，不论是低压汞灯还是高压汞灯，使用时都不能直接与电源相连. 汞灯在常温下要有很高的电压才能点燃，灯管内充有氩、氖等辅助气体，通电后辅助气体首先被电离而放电，此后灯管温度得以升高，继而产生汞蒸气的弧光放电. 在 220V 的电源电路里，需串联一个镇流器，且不同额定电流的汞灯需不同的镇流器相匹配，不能混用.

三、钠灯

钠灯是利用钠蒸气放电的灯，按钠蒸气气压的不同，可分为低压钠灯和高压钠灯. 实验室中多用低压钠灯，它的光谱在可见光范围内，有两条强谱线：589.0nm 和 589.6nm，通常取它们的中心近似值 589.3nm 作为黄光的标准参考波长，许多光学常数以它作为基准.钠灯是物理光学实验的重要光源.钠灯工作需要镇流器,通电后需预热10～15min才能正常工作.

与其他仪器一样,为了延长光源的使用寿命,要精心维护,遵守操作规程,特别要注意:

(1) 各种光源都有其特定点燃电压,有的用直流,有的用交流.在直流电压下工作时,要注意电源的极性,不能接反.实验前应认真检查电源是否符合要求,线路是否正确.

(2) 高压电源的外壳要接地,使用时禁止触摸电极和导线.

(3) 灯管必须按规定安放,要防止颠倒、倾斜、震动和破损.也要妥善处理废管(汞蒸气有毒,钠蒸气遇水要爆炸).

2.3.3 读数显微镜

读数显微镜是光学精密机械仪器中的一种读数装置,它将显微镜和螺旋测微器组合起来,主要用来测量微小的或者不能用夹具测量的物体的尺寸,如毛细管内径、金属杆的线膨胀量、干涉条纹宽度、微小钢球的直径等,也适用于有关计量单位、工厂的计量室或精密刻度车间对分划尺或度盘的刻线进行对准检查和测定工作.按细分的原理不同,读数显微镜通常分为直读式、标线移动式和影像移动式三种.这里介绍的是直读式读数显微镜.

如图2-51所示,显微镜由目镜、物镜和十字叉丝组成,读数装置、毫米标尺固定装在支架上,其上有刻度、刻线,刻线间距是1mm,在它的前方有一可随鼓轮转动而左右移动的叉丝作为读数的标记.显微镜装置与测微杆上的螺母套管相连,旋转鼓轮时螺杆随之转动,则可带动显微镜左右移动.

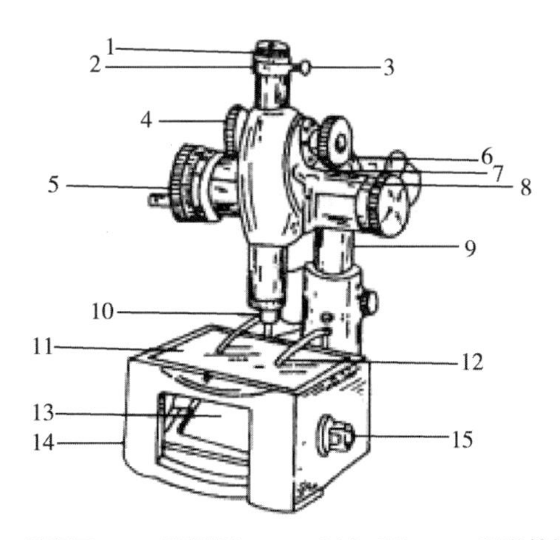

1—目镜　2—锁紧圈　3—锁紧螺钉　4—调焦手轮　5—测微鼓轮　6—横杆
7—标尺　8—旋手　9—立柱　10—物镜　11—台面玻璃　12—弹簧压片
13—反光镜　14—底座　15—旋转手轮

图2-51　读数显微镜的结构示意图

读数显微镜的读数原理与螺旋测微器的读数原理基本相同，常用的读数显微镜测微螺杆的螺距为 1mm，测微鼓轮圆周上有 100 等份的刻度，鼓轮每转一圈，叉丝沿主尺移动一格，即 1mm，所以读数显微镜的分度值为 0.01mm. 读数时，其整数部分可以在主尺上读出，小数部分从鼓轮刻度读出，且需估读一位. 如果测量小钢珠的直径，首先，将小钢珠放置在载物台上，转动载物台下方的反光镜，使目镜中的视场明亮；其次，调节目镜，看清十字叉丝，使叉丝的水平线平行于主尺，然后锁住止动螺钉；再次，调节物镜，旋转调焦旋钮，使物镜下降，接近小钢珠表面，然后旋转调焦旋钮，缓慢提升镜筒，同时从目镜观察，直至看到待测物体并且最清晰为止；最后，在测量过程中，转动测微鼓轮，使十字叉丝的纵丝与小钢珠的一边相切，记下此时的读数显微镜的读数 x_1，然后按同一方向继续旋转测微鼓轮，使叉丝纵丝与小钢珠的另一边相切，记下此时的读数 x_2，则两次读数的差值的绝对值为小钢珠的直径 d，即 $d=|x_1-x_2|$.

2.3.4 光具座

光学测量中，需要测量的项目很多，如光学零件的几何特性参数和光学特性参数、光学系统的光学特性参数、系统的像差测量和像质评价等，这些测量都可以在光具座上完成.

光具座的主体是一个平直的轨道，有简单的双杆式和通用的平直轨道式两种. 轨道的长度一般为 1～2m，上面刻有毫米标尺，还有多个可以在导轨面上移动的滑动支架. 一台性能良好的光具座应该是导轨的长度较长，平直度较好，同轴性和滑块支架的平稳性较好.

在光具座上进行透镜成像实验，必须满足近轴光线条件，即各光学元件的主光轴重合，并且该光轴与光具座导轨平行. 因此，在做实验前，应当进行“同轴等高”调节，具体方法如下.

(1) 粗调.

将透镜、物屏、像屏等安置在光具座上并将它们靠拢，调节高低、左右，使光源、物屏、像屏与透镜的中心大致在一条和导轨平行的直线上，并使各元件的平面互相平行且垂直于导轨.

(2) 细调.

依靠成像规律进行调节. 例如，在透镜焦距测定实验中，利用透镜成像的共轭原理进行调节. 如图 2-52 所示，当 $L>4f$ 时，移动透镜，在像屏上分别获得放大和缩小的像. 一般调节的方法是：成小像时，调节光屏位置，使 P' 与屏中心重合；而在成大像时，则调节透镜的高低或左右，使 P'' 位于光屏中心，使经过透镜后两次成像时像的中心重合. 依次反复调节，系统即达到同轴等高.

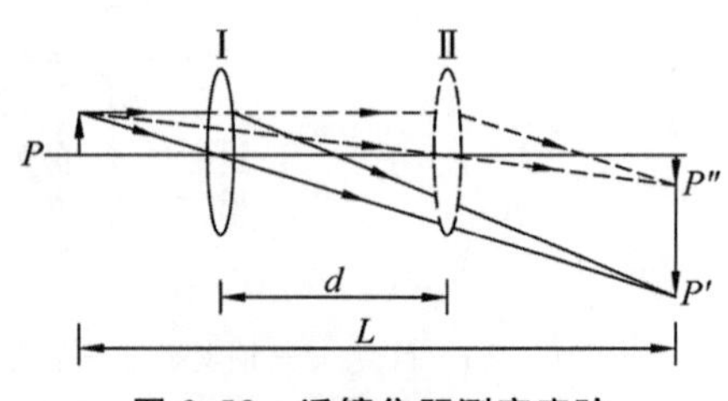

图 2-52　透镜焦距测定实验

第3章　基础实验

实验1　单摆法测定重力加速度

重力加速度是物理学中的一个重要参数.重力加速度的数值,随各地区的地理纬度和相对于海平面的高度不同而稍有差异.研究重力加速度的分布情形具有重要的科学价值和实用意义,如应用于对地下资源的探查等.

实验目的

1. 学习用单摆法测量重力加速度.
2. 掌握用停表测量平均周期的方法.
3. 学习列表记录及处理原始数据.

仪器和用具

单摆仪、米尺、游标卡尺、停表等.

实验原理

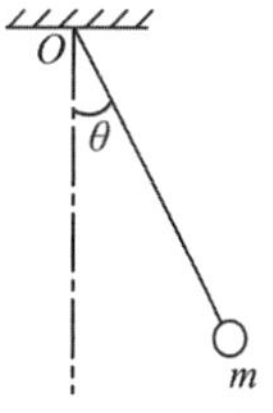

如图 S1-1 所示,一不可伸长的轻线悬一质量为 m 的小球(摆球),做幅角 θ 很小的摆动,便构成单摆运动.当幅角 $\theta<5°$ 时,单摆周期 $T=2\pi\sqrt{\frac{L}{g}}$,即重力加速度为

图 S1-1　单摆

$$g=\frac{4\pi^2 L}{T^2} \tag{S1-1}$$

式中,L 是悬点到摆球质心的长度,即摆长;g 是当地的重力加速度;T 是小球的摆动周期.可见,只要测出单摆的摆长和它的摆动周期,就可以求得当地的重力加速度 g(计算法).

测量摆长的方法很多.方法之一是用米尺测出悬点到小球上部的长 l,再用游标

卡尺测出小球的直径 d，则摆长为

$$L=l+\frac{d}{2} \tag{S1-2}$$

这里要注意，用米尺测物体长度时，应使被测部分和米尺平行、贴紧. 贴紧是为了避免由于视线方向不同而引起的读数误差(视差). 但测量 l 时常常难以使被测部分和米尺贴紧，为此，可借助于单摆仪上的平面镜，利用“三线对齐”读测，以防止“视差”. 式(S1-1)还可写成：

$$T^2=\frac{4\pi^2}{g}L=kL \tag{S1-3}$$

$$g=\frac{4\pi^2}{k} \tag{S1-4}$$

由式(S1-3)可见，如果改变摆长 L，测相应周期 T，以 L 为横坐标、T^2 为纵坐标，在方格坐标纸上作 T^2-L 图，它应该是直线，在该直线上取两点 $P_1(L_1,T_1^2)$，$P_2(L_2,T_2^2)$，则可求出斜率 $k\left[k=\frac{T_2^2-T_1^2}{L_2-L_1}\right]$.

我们用停表(秒表)测量周期. 使用停表时先要弄懂它是怎样启动(开始计时)、怎样止动(停止计时)和怎样复零的. 如果使用机械秒表，使用前应检查发条是否上紧，以免测量时走时不准或中途停走. 常用的机械秒表的表面上，长针是秒针，短针是分针，长针转一周是 30s(或 60s)，这种停表的最小分度值是 0.1s(或 0.2s). 也有些停表长针转一周是 10s，6s 的. 对于电子秒表，它是数字式的，最小分度值通常是 0.01s. 机械秒表在实验完毕后，让它启动走时，以释放发条能量，延长其使用寿命.

我们用停表测 n 个周期的时间 $t=nT$，再求周期，这样式(S1-1)可写成：

$$g=4\pi^2n^2\,\frac{l+\frac{d}{2}}{t^2} \tag{S1-5}$$

实验内容

1. 调整好单摆仪，用游标卡尺在不同部位测摆球直径 d 五次，列表记录和处理数据，写出直径 d 测量结果的标准式.

2. 取摆长约 80cm，用米尺测摆线悬点到摆球上端的摆线长 l(注意视差，单次测量即可).

3. 将摆球从平衡位置拉开，摆角不超过 5°，松开摆球，使之在铅垂平面内摆动(注意不要使摆球扭动).

4. 用停表测 n 个周期时间 t. 根据式(S1-5)求 g，写出 g 的标准式. 若用电子秒表，n 取 10；若用机械秒表，n 取 100. 测周期时，要注意应在摆球通过平衡位置时计时，按停表要迅速、准确. 另外，要在数“零”时按表，完成一个周期时数“1”，以后数“2，3，…”. 如果在按表时数“1”，这样测出的时间就要少测一个周期.

5. 取摆长约为 90cm，100cm，110cm，120cm，130cm，140cm，重复步骤 2～4.

6. 对以上7个摆长下(包括步骤2的一个摆长)测出的7个 g 求加权平均,并写出重力加速度 g 测量的标准式.

数据记录及处理

1. 摆球直径 d 的测量数据如表 S1-1 所示(游标卡尺的仪器误差取最小刻度 Δ(游)$=0.002$cm).

表 S1-1　摆球直径 d 的测量数据和处理

i	1	2	3	4	5	平均值
d/cm						
$\|d_i-\bar{d}\|$/cm						
$\|d_i-\bar{d}\|^2$/cm^2						
平均值的标准偏差 $\sigma_{\bar{d}}=$　　cm						
A类不确定度 $u_A(d)=$　　cm			B类不确定度 $u_B(d)=$　　cm			
摆球直径的测量结果: $\begin{cases} d=(\quad\pm\quad)\text{cm} \\ u_r(d)=\quad\% \end{cases}$						

注: (1) $\sigma_{\bar{d}}=\sqrt{\frac{1}{n(n-1)}\sum_{i=1}^{n}(d_i-\bar{d})^2}=\frac{1}{\sqrt{n-1}}\cdot\sqrt{\frac{1}{n}\sum_{i=1}^{n}(d_i-\bar{d})^2}$

$$=\frac{\sqrt{\overline{|d_i-\bar{d}|^2}}}{\sqrt{n-1}}=\sqrt{\frac{1}{5\times4}\sum_{i=1}^{5}(d_i-\bar{d})^2}.$$

(2) 游标卡尺的仪器误差取最小刻度,即 Δ(游)$=0.002$cm.

(3) A类不确定度 $u_A(d)=\sigma_{\bar{d}}$, B类不确定度 $u_B(d)=\frac{\Delta(\text{游})}{\sqrt{3}}$.

(4) 总不确定度 $u_C(d)=\sqrt{u_A^{\ 2}(d)+u_B^{\ 2}(d)}$.

(5) 直径 d 测量的不确定度表示的标准形式: $\begin{cases} d=\bar{d}\pm u_C(d), \\ u_r(d)=\frac{u_C(d)}{\bar{d}}\times100\%. \end{cases}$

2. 单次测量摆线长 l 的测量结果[Δ(米尺)$=$　　cm]:

$$\begin{cases} l=\bar{l}\pm u_C(l) \\ u_r(l)=\underline{\qquad}\% \end{cases}$$

注: (1) 米尺的仪器误差取最小刻度的 $\frac{1}{2}$,即 Δ(米尺)$=0.05$cm.

(2) 把单次测量值作为近真值,仪器误差引入的不确定度作为总不确定度,即不确定度 $u_C(l)=u_B(l)=\frac{\Delta(\text{米尺})}{\sqrt{3}}$.

3. 单次测量 n 个周期时间 t 的测量结果[$n=$______,Δ(停表)=______ s]:

$$\begin{cases} t=\bar{t}\pm u_C(t) \\ u_r(t)=\_\_\_\_\_\_\% \end{cases}$$

注:(1) 停表的仪器误差取最小刻度,即 Δ(停表)=________ s.

(2) 把单次测量 n 个周期的时间值作为近真值,仪器误差引入的不确定度作为总不确定度,即不确定度 $u_C(t)=u_B(t)=\dfrac{\Delta(\text{停表})}{\sqrt{3}}$.

4. 重力加速度 g 的测量结果[用式(S1-5)计算重力加速度,并要写出测量结果的标准式]:

$$\begin{cases} g=\bar{g}\pm u_C(g) \\ u_r(g)=\_\_\_\_\_\_\% \end{cases}$$

注:(1) 重力加速度的近真值 $\bar{g}=4\pi^2 n^2\ \dfrac{\bar{l}+\bar{d}/2}{\bar{t}^2}$.

(2) 摆长 L 等于摆线长加小球半径,即 $L=l+\dfrac{d}{2}$,推得 $\bar{L}=\bar{l}+\dfrac{\bar{d}}{2}$,即摆长 L 的总不确定度 $u_C(L)=\sqrt{[u_C(l)]^2+\left[\dfrac{u_C(d)}{2}\right]^2}$,相对不确定度 $u_r(L)=\dfrac{u_C(L)}{\bar{L}}$.

(3) g 的相对不确定度 $u_r(g)=\sqrt{[u_r(L)]^2+[2u_r(t)]^2}$,$g$ 的总不确定度 $u_C(g)=u_r(g)\cdot\bar{g}$.

5. 不同摆长下测重力加速度 g 的测量数据及处理.

测量次数 $n=$________,摆球直径 d 见表 S1-1,其他数据及处理结果见表 S1-2.

表 S1-2 不同摆长下的有关测量数据

i	1	2	3	4	5	6	7
l/cm							
$u_C(l)$/cm							
$u_r(l)$							
t/s							
$u_C(t)$/s							
$u_r(t)$							
L/cm							
$u_C(L)$/cm							
$u_r(L)$							
$g/(\text{cm}\cdot\text{s}^{-2})$							
$u_C(g)/(\text{cm}\cdot\text{s}^{-2})$							
$u_r(g)$							

重力加速度的测量结果：$\begin{cases} g=g_p \pm u_r(g_p), \\ u_r(g_p)=\_\_\_\_\_\_\_\_\% . \end{cases}$

注：(1) 上表左栏中物理量：

$$t=nT, L=l+\frac{d}{2}, u_C(L)=\sqrt{[u_C(l)]^2+[u_C(d)/2]^2}$$

$$u_r(L)=\frac{u_C(L)}{L}, g=\frac{4\pi n^2 L}{t^2}, u_r(g)=\sqrt{[u_r(L)]^2+[2u_r(t)]^2}$$

$$u_C(g)=u_r(g)\cdot \bar{g}$$

(2) 7 个摆长下求出的 7 个重力加速度是非等精度测量，则这 7 个 g 的加权平均值为 $g_p=\dfrac{\sum\limits_{i=1}^{7} p_i g_i}{\sum\limits_{i=1}^{7} p_i}$，而 $p_i=\dfrac{1}{u_C{}^2(g_i)}$.

(3) 加权平均值 g_p 的不确定度 $u(g_p)=\dfrac{1}{\sqrt{\sum\limits_{i=1}^{7}\dfrac{1}{u_C{}^2(g_i)}}}$，加权平均值 g_p 的相对不确定度 $u_r(g_p)=\dfrac{u(g_p)}{g_p}\times 100\%$.

6. 由测量数据可得到不同摆长 L 下的 T^2 值，如表 S1-3 所示. 由表 S1-3 数据在方格坐标纸上可作 T^2-L 的变化关系，如图 S1-2 所示. 取图中两点，求出斜率 $k=$________，代入式(S1-4)，求得 $g=$________，与 g_p 比较，得相对误差为________，再与理论值 g_0 比较，得________.

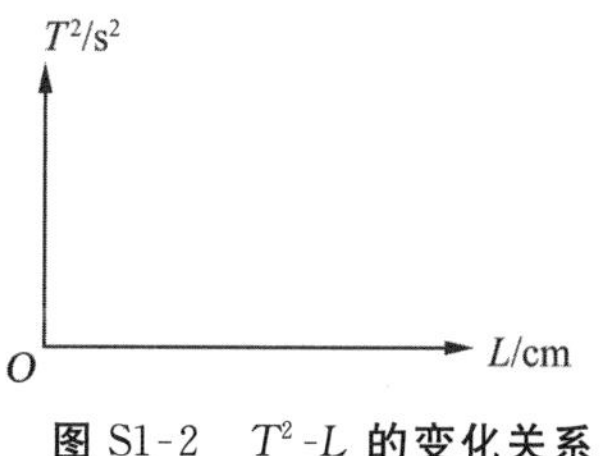

图 S1-2 T^2-L 的变化关系

表 S1-3 不同摆长 L 下的 T^2 值

摆球的直径 $\bar{d}=$________，测时周期数 $n=$________

i	1	2	3	4	5	6	7
l/cm							
L/cm							
t/s							
$T=\frac{t}{n}$/s							
T^2/s^2							

思考题

1. 如何保证单摆的摆角不超过 5°？
2. 测量摆长除了原理部分所介绍的方法外，还有哪些方法？

物体密度的测量

密度是物质的基本特性之一，常用于材料性质的表征与分析，如材料纯度的鉴定等．因此，学习物体密度的测量方法是十分重要的．

物体密度的测量属于间接测量．对于质量分布均匀的规则物体，密度的测量过程涉及质量和长度的测量．学习物体密度测量方法的同时，也训练了同学们对基本的长度、质量测量工具的使用能力．

实验目的

1．掌握游标卡尺、千分尺和物理天平的使用方法．
2．掌握一种形状规则物体的密度测量方法．
3．掌握直接测量和间接测量的误差计算方法．

仪器和用具

游标卡尺、螺旋测微器（千分尺）、物理天平、待测铜柱．

实验原理

当物体的质量分布均匀（密度均匀分布）时，若物体的质量为 m，体积为 V，则物体的密度为

$$\rho=\frac{m}{V} \tag{S2-1}$$

物体的质量可以用物理天平测量．对于形状规则的物体，其体积测量可以转化为长度测量，并通过相应计算求得．以本实验中的铜圆柱体为例，圆柱体的体积 V 的计算公式为

$$V=\pi r^2 \times h=\frac{1}{4}\pi d^2 h \tag{S2-2}$$

其中，r，d 分别为圆柱的半径和直径，h 为圆柱的高．

将式(S2-2)代入式(S2-1)，得

$$\rho=\frac{m}{V}=\frac{4m}{\pi d^2 h} \tag{S2-3}$$

代入测得的铜柱的质量 m、直径 d 和高 h，即可求得铜柱的密度.

实验内容

1. 规范地调好天平，并称量出给定铜柱的质量 m，确定质量的不确定度.

2. 用螺旋测微器测铜柱不同部位的直径 d，共测 5 次，计算直径的平均值并确定直径的不确定度.

3. 用游标卡尺测铜柱不同部位的高度 h，共测 5 次，计算高度的平均值并确定高度的不确定度.

4. 计算铜柱的密度，并根据误差传递公式计算出密度的不确定度.

数据记录及处理

1. 质量的测量.

天平型号：________. 天平感量：________ g. 天平称量：________ g.

铜柱的质量：$m=($________$\pm$________$)$g（只称量一次）.

2. 直径和高度的测量.

千分尺精度：____________________. 零点读数：____________________.

游标卡尺的仪器误差取最小刻度，即 Δ(游)＝________.

取螺旋测微器的仪器误差，即 Δ(千)＝0.004mm.

(1) 铜柱直径 d 的测量记录与数据处理（表 S2-1）.

表 S2-1　用螺旋测微器测量圆柱的直径 d

i	1	2	3	4	5	平均值
d/mm						
$\lvert d_i-\bar{d}\rvert$/mm						
$\lvert d_i-\bar{d}\rvert^2$/mm^2						
平均值的标准差：$\sigma_{\bar{d}}=$　　　mm						
A 类不确定度 $u_A(d)=$　　　mm，B 类不确定度：$u_B(d)=$　　　mm						
铜柱直径的测量结果：$\begin{cases} d=(\quad\pm\quad)(\quad) \\ u_r(d)=\quad\% \end{cases}$						

(2) 铜柱高度 h 的测量记录与数据处理（表 S2-2）.

表 S2-2　用游标卡尺测量圆柱的高度 h

i	1	2	3	4	5	平均值
h/mm						
$\|h_i-\bar{h}\|$/mm						
$\|h_i-\bar{h}\|^2$/mm^2						
平均值的标准差：$\sigma_{\bar{h}}=$　　　mm						
A 类不确定度 $u_A(h)=$　　　mm，B 类不确定度：$u_B(h)=$　　　mm						
铜柱高度的测量结果：$\begin{cases} h=(\quad\pm\quad)\text{mm} \\ u_r(h)=\quad\% \end{cases}$						

注：(1) $\sigma_{\bar{d}}=\sqrt{\frac{1}{n(n-1)}\sum_{i=1}^{n}(d_i-\bar{d})^2}=\frac{1}{\sqrt{n-1}}\cdot\sqrt{\frac{1}{n}\sum_{i=1}^{n}(d_i-\bar{d})^2}$

$$=\frac{\sqrt{\overline{|d_i-\bar{d}|^2}}}{\sqrt{n-1}}=\sqrt{\frac{1}{5\times4}\sum_{i=1}^{5}(d_i-\bar{d})^2}.$$

(2) A 类不确定度 $u_A(d)=\sigma_{\bar{d}}$，B 类不确定度 $u_B(d)=\frac{\Delta(千)}{\sqrt{3}}$.

(3) 总不确定度 $u_C(d)=\sqrt{u_A{}^2(d)+u_B{}^2(d)}$.

(4) 直径 d 测量的不确定度表示的标准形式：$\begin{cases} d=\bar{d}\pm u_C(d), \\ u_r(d)=\frac{u_C(d)}{\bar{d}}\times100\%. \end{cases}$

(5) 高度 h 的对应量计算和标准形式同上.

3. 铜柱的密度及不确定度和标准表示：$\bar{\rho}=\frac{4m}{\pi\bar{d}^2\bar{h}}$________ kg · m^{-3}.

密度 ρ 的相对不确定度：$u_r(\rho)=\sqrt{[2u_r(d)]^2+u_r{}^2(h)+u_r{}^2(m)}=$________.

密度 ρ 的最终不确定度：$u_C(\rho)=u_r(\rho)\cdot\bar{\rho}=$________ kg · m^{-3}.

密度 ρ 的测量结果的标准表达形式：

$$\rho=\bar{\rho}\pm u_C(\rho)=(\_\_\_\_\_\_\_\_+\_\_\_\_\_\_\_\_)\text{kg}\cdot\text{m}^{-3}$$

思考题

1. 如何测定密度比水小的不规则固体的密度？
2. 游标卡尺的零点误差属于哪一种类型误差？应如何消除？
3. 在使用螺旋测微器时，为什么推进螺杆时只能旋转棘轮旋柄？
4. 制造天平时，天平两边在外形尺寸及密度分布方面应该完全对称，但实际上这是不可能的.由此带来的误差属于哪一种性质的误差？可以用什么方法消除？
5. 在什么情况下应该用游标卡尺测量圆柱体的高度，用螺旋测微器测量其直径？而在什么情况下应该用游标卡尺测量圆柱体直径，用螺旋测微器测量其高度？

实验3 用气垫导轨测量物体的速度与加速度

力学实验的关键在于减少外在力学因素对实验过程的影响，其中最典型的外在影响是摩擦力．目前动力学实验中常用的减少摩擦力的方法是气垫导轨法．本实验采用的正是这种方法．

气垫导轨利用小型气源将压缩空气送入导轨内腔，空气再由导轨表面上的小孔中喷出，在导轨表面与滑行器内表面之间形成很薄的气垫层，将滑块浮起，这样滑块在导轨表面的运动几乎可以看成是“无摩擦”的．利用滑块在气垫上的运动可以进行许多力学实验，如测定速度、加速度，验证牛顿第二定律和守恒定律等．

3.1 速度、加速度与重力加速度的测量

实验目的

1．学会使用气垫导轨．

2．观察匀速直线运动和匀变速直线运动的规律．

3．测量滑块运动的速度和加速度．

仪器和用具

气垫导轨、滑块、垫块、遮光片、光电门、电脑通用计数器、气源、螺旋测微器、游标卡尺、米尺．

实验原理

1．阅读有关气垫导轨的原理或使用方法．

2．速度的测量．

物体做直线运动时，如果在某时刻 $t \sim t+\Delta t$ 的时间间隔内，通过的位移为 Δx，则物体在该 Δt 的时间间隔内的平均速度 $\bar{v}$ 为

$$\bar{v}=\frac{\Delta x}{\Delta t} \tag{S3-1}$$

该时刻 t 的瞬时速度 $v=\lim\limits_{\Delta t\to 0}\frac{\Delta x}{\Delta t}$. 显然，$\Delta t$ 越小，$\bar{v}$ 就越接近瞬时速度 v. 在实验中要测量物体在某时刻(或某位置)的瞬时速度是无法实现的，通常选取较小的 Δx，以保证 Δt 很小，在一定的误差范围内用平均速度代替瞬时速度.

当滑块在气垫导轨上运动时，通过测量滑块上的遮光片经过光电门的遮光时间 Δt 和测量遮光板的宽度 Δx，即可求出滑块在 Δt 时间内的平均速度 $\bar{v}$. 由于遮光板宽度比较窄，可以把平均速度近似地看成滑块通过光电门的瞬时速度. 遮光板越窄，相应的 Δt 就越小，平均速度就越能更为准确地反映滑块在经过光电门位置时的瞬时速度.

3. 加速度的测量.

如图 S3-1 所示，物体由静止出发沿斜面做下滑运动，在摩擦阻力忽略不计的情况下，物体做匀加速直线运动，则有

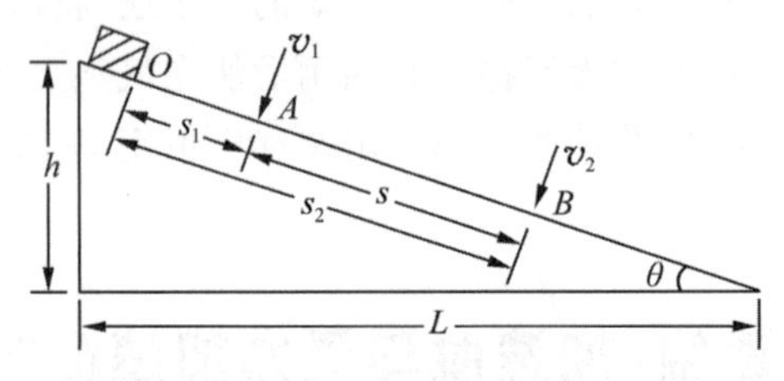

图 S3-1 加速度的测量

$$v_1{}^2=2as_1 \tag{S3-2}$$

$$v_2{}^2=2as_2 \tag{S3-3}$$

式中，a 为物体的加速度，v_1 和 v_2 分别为物体在 A，B 点的速度，s_1 和 s_2 分别为 O，A 间和 O，B 间的距离. 两式相减，得

$$v_2{}^2-v_1{}^2=2as \tag{S3-4}$$

或

$$a=\frac{v_2{}^2-v_1{}^2}{2s} \tag{S3-5}$$

由上式可见，只要分别测量出滑块通过两个光电门时的速度 v_1 和速度 v_2 及两个光电门的间距 s，就可以算出滑块的加速度 a.

此外，根据牛顿第二定律，可得

$$a=g\sin\theta \tag{S3-6}$$

当 θ 很小时，有 $\sin\theta\approx\tan\theta=\frac{h}{L}$，则

$$a=g\,\frac{h}{L} \tag{S3-7}$$

由上式可见，在已知本地区重力加速度 g 的情况下，只要测量出 h 和 L，就可以算出物体加速度 a 的理论值.

实验内容

一、检查电脑计时器的工作情况

1. 先弄清电脑通用计数器面板上各开关、按钮和插座的用途，正确接好电脑通用计数器和光电门之间的连线.

2. 打开仪器电源开关，用“功能”键选择工作方式“S_1”.

二、调节气垫导轨水平

1. 粗调. 调节导轨下的三只底脚螺丝，使导轨大致水平.

2. 静态调平. 接通气源，将滑块放在导轨上(切忌来回擦动)，这时滑块在导轨上自由运动，调节导轨的单脚螺丝，使滑块在导轨上静止不动或稍有滑动但不总是向一个方向滑动.

3. 动态调平. 轻轻地推动滑块，使之获得一定的速度. 从电脑通用计数器上先后读出遮光板通过两个光电门的时间 Δt_1 和 Δt_2. 如果 Δt_1 和 Δt_2 不等，则反复调节单脚螺丝，使 Δt_1 和 Δt_2 相差不超过千分之几秒，此时可认为气垫导轨已调平.

三、测量滑块的速度

1. 将两个光电门固定在距离气垫导轨两端约 0.30m 处，轻轻地推动滑块，分别记下遮光板经过两个光电门的时间 Δt_1 和 Δt_2.

2. 用游标卡尺测出遮光板的宽度 Δx，按式(S3-1)算出 v_1 和 v_2，并填入表 S3-1 中.

3. 重复步骤 1、2.

4. 使滑块朝相反方向运动，重复步骤 1、2、3.

四、测量滑块的加速度

1. 将导轨一端垫高 10mm，如图 S3-1 所示，用米尺测量两光电门之间的距离 s.

2. 将滑块从导轨垫高端滑下，分别记下遮光板先后经过两光电门的时间 Δt_1 和 Δt_2，根据式(S3-1)和式(S3-2)，计算出 v_1、v_2 和 a.

3. 重复上述步骤 2，测量 5 次，将数据填入表 S3-2 中，并计算出 $\bar{a}$.

4. 按图 S3-2 方法用米尺测量单脚底脚螺丝到另外两个底脚螺丝连线间的距离 L，用螺旋测微器测量垫块的厚度 h，并由实验室给出本地区重力加速度的公认值.

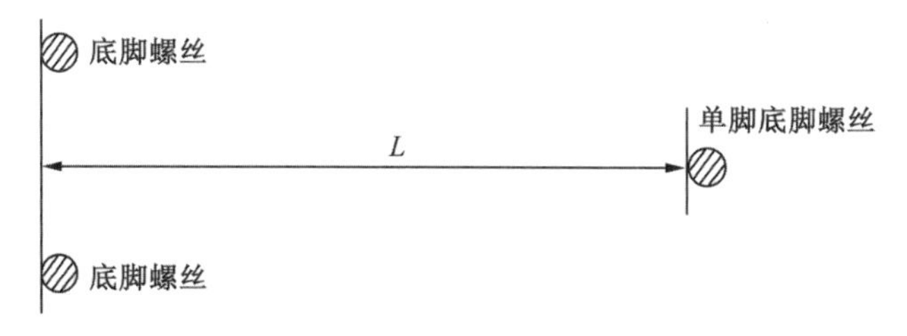

图 S3-2　L 的测量

5. 按式(S3-7)计算滑块下滑加速度的理论值 a_0，估算相对误差.

注意事项

1. 在使用导轨前，须用丝绸蘸酒精将导轨表面和滑块内表面清洁干净，防止小孔堵塞.

2. 导轨轨面和滑块内表面均经过精细研磨加工，高度吻合，须配套使用，不得任意更换.

3. 使用中注意保护好导轨轨面和滑块内表面，防止滑伤. 安放光电门时，应防止光电门支架倾倒而损坏导轨脊梁. 导轨未通气时，不得将滑块放在导轨上来回滑动. 调整或更换遮光片时，应将滑块从导轨上取下. 实验完毕，先将滑块从导轨上取下，并关闭气源.

数据记录及处理

表 S3-1　测量滑块的速度

$\Delta x=$ ________ m

方向	次数	$\Delta t_1/\mathrm{s}$	$\Delta t_2/\mathrm{s}$	$v_1/(\mathrm{m\cdot s^{-1}})$	$v_2/(\mathrm{m\cdot s^{-1}})$
滑块向右方运动	第一次测量				
	第二次测量				
滑块向左方运动	第一次测量				
	第二次测量				

表 S3-2　测量滑块的加速度

$L=$ ________ mm，$h=$ ________ mm

s/m	$\Delta x/\mathrm{m}$	$\Delta t_1/\mathrm{s}$	$\Delta t_2/\mathrm{s}$	$v_1/(\mathrm{m\cdot s^{-1}})$	$v_2/(\mathrm{m\cdot s^{-1}})$	$a/(\mathrm{m\cdot s^{-2}})$

$\bar{a}=$ ________ $\mathrm{m\cdot s^{-2}}$，$g=$ ________ $\mathrm{m\cdot s^{-2}}$

$a_0=$ ________ $\mathrm{m\cdot s^{-2}}$，$E_r=\dfrac{|\bar{a}-a_0|}{a_0}\times 100\%=$ ________

思考题

1. 分析本实验中有哪些因素会引起系统误差?

2. 测量滑块的加速度的实验中,是否每次要求滑块必须由静止且固定在某点自由下滑?为什么?

3. 试提出利用本实验的设备装置测量重力加速度的实验方案.

3.2 验证动量守恒与机械能守恒

实验目的

在气垫导轨上验证机械能守恒定律.

仪器和用具

气垫导轨、滑块、垫块、数字毫秒计、游标卡尺、米尺.

实验原理

如图 S3-3 所示,将气垫导轨的一端用垫块垫起,滑块从静止开始沿导轨自由滑下,若忽略空气阻力、滑块与气垫导轨间的摩擦力,则滑块在运动中只有重力对它做功,因重力是保守力,所以滑块在运动过程中机械能保持不变.设滑块在光电门 1 处的高度为 h_1,速度为 v_1,在光电门 2 处的高度为 h_2,速度为 v_2,根据机械能守恒定律,有

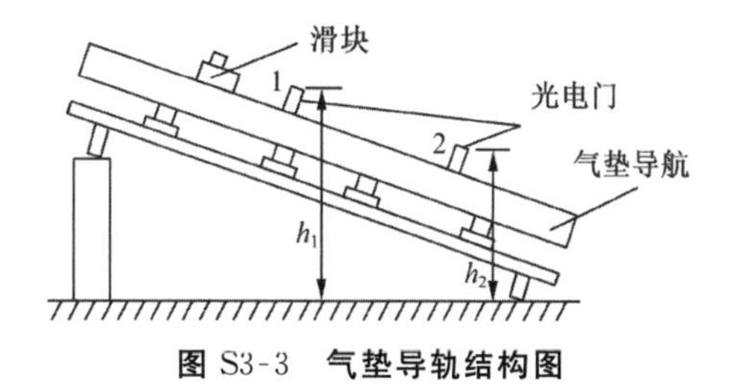

图 S3-3 气垫导轨结构图

$$mgh_1+\frac{1}{2}mv_1^{\ 2}=mgh_2+\frac{1}{2}mv_2^{\ 2} \tag{S3-8}$$

式中,m 为滑块的质量,由式(S3-8)消去 m,得

$$gh_1+\frac{1}{2}v_1^{\ 2}=gh_2+\frac{1}{2}v_2^{\ 2} \tag{S3-9}$$

由式(S3-9)可知,只要测出 h_1,h_2,v_1,v_2,并算出 $gh_1+\frac{1}{2}v_1^{\ 2}$ 和 $gh_2+\frac{1}{2}v_2^{\ 2}$,若两者近似相等,就可以认为机械能守恒定律是成立的.

实验内容

1. 在水平桌面上安置好气垫导轨，两光电门相距 50～60cm，打开气源和数字毫秒计.

2. 在导轨的单脚螺丝下垫放两块厚度为 1cm 的垫块，用米尺测量出滑块遮光片在光电门 1、光电门 2 处距水平桌面的高度 h_1 和 h_2. 用游标卡尺测出滑块上遮光片的厚度 Δx.

3. 让滑块从同一高度由静止自由滑下，记下遮光片通过两光电门的时间 Δt_1 和 Δt_2. 重复操作三次，把数据记录在表 S3-3 中.

数据记录及处理

表 S3-3　机械能守恒的验证

$\Delta x=$＿＿＿＿＿＿ m

次数	h_1/m	h_2/m	Δt_1/s	Δt_2/s	$v_1/(\mathrm{m\cdot s^{-1}})$	$v_2/(\mathrm{m\cdot s^{-1}})$	$gh_1+\frac{1}{2}v_1^2$	$gh_2+\frac{1}{2}v_2^2$
1								
2								
3								
平均值								

结论：＿＿＿＿＿＿＿＿＿＿＿＿＿＿＿＿＿＿＿＿＿＿＿＿＿＿＿＿＿＿＿＿.

实验 4　模拟法描绘静电场

在一些科学研究和生产实践中，往往需要了解带电体周围静电场的分布情况. 一般来说，带电体的形状比较复杂，很难用理论方法进行计算，用实验手段直接研究或测绘静电场通常也很困难. 因为将仪表（或其探测头）放入静电场，总要使被测场原有分布状态发生畸变；而且除静电式仪表之外的一般磁电式仪表不能用于静电场的直接测量，因为静电场中不会有电流流过，对这些仪表不起作用. 所以，人们常用“模拟法”间接测绘静电场的分布. 模拟法在科学实验中有着极其广泛的应用，其本质是用一种易于实现、便于测量的物理状态或过程的研究去代替另一种不易实现、不便测量的状态或过程的研究.

实验目的

1. 了解模拟法描绘静电场的依据.
2. 用模拟法测绘同轴圆柱(同轴电缆)的电场.

仪器和用具

双层静电场描绘仪、描绘仪配套电源、直流稳压电源、直流电压表、检流计、滑动变阻器、低压交流电源、晶体管毫伏表、游标卡尺、开关等.

实验原理

从电学中我们知道,运动电荷周围伴随着电磁场,而静止电荷周围伴随着静电场.电场是客观存在的,可以通过试探电荷在电场中受力以及电场具有能量可以做功的性质来了解.

为了描述电场力的性质,引进了电场强度的概念;为了描述电场具有能量、可以做功的性质,引进了电势的概念.由于电场强度和电势这两个概念欠直观,又相应地引进了电场线和等势面两个辅助概念.

电场线与等势面的关系如下:电场线上每一点的切线方向代表该点场强的方向;在垂直于电场线的单位面积上穿过的电场线根数与该处的场强成正比,即场强大的地方电场线密集,场强弱的地方电场线稀疏.等势面则是电场中电势相等的各点所构成的曲面,电荷在等势面上移动,电场力对它不做功.

具体用电场线和等势面描述电场的性质时,又有如下特征:

(1) 电场线从正电荷出发,终止在负电荷上;电场线不相交.

(2) 电场线处处垂直于等势面.

(3) 电场线必须垂直于导体表面,而且不能画在导体内部.

(4) 在带电导体尖端附近,电场线较密集.

根据以上特征,我们可以从等势面来画出电场线;反之,也可根据电场线画出等势面,最后形象地画出电荷或带电导体周围的电场.

注意: 电场线不是客观存在的,只是人为地用来形象地描述静电场的力和能的性质罢了.然而,要实际描绘出静电荷周围的电场是很困难的,因为伸入静电场中的探针上的感应电荷会影响原电场的分布.为了解决这个困难,我们可以采用模拟法建立一个与静电场完全一样的模拟场,通过对模拟场的测定,间接地获得原静电场的分布.

一、模拟法描绘静电场的依据

请看下面两个例子.

例 S4-1 如图 S4-1 所示，内、外半径分别为 r_1，r_2 的金属圆柱电极间充满均匀导电介质（例如，导电纸，设厚度为 t），加上电压 U_1 后，令外电极电势为零，试求半径为 r 的 P 点处的电势 U_r.

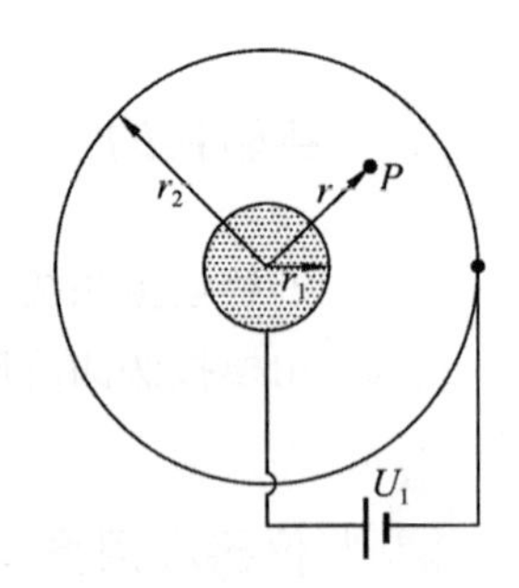

图 S4-1 同轴圆柱间的电流场

电流从内电极均匀地通过导电介质向外辐射，则由欧姆定律的微分形式可知：半径为 r 的某点 P 处的电流密度 j 与该点处的电场强度 E 有如下关系：

$$\boldsymbol{j}=\sigma\boldsymbol{E}=\frac{1}{\rho}\boldsymbol{E} \tag{S4-1}$$

式中，σ，ρ 分别是导电介质的电导率和电阻率.

由式(S4-1)可知，电流方向与电场方向一致. 设导电介质（导电纸）的厚度为 t，则半径为 $r\sim r+\mathrm{d}r$ 的导电纸的电阻为

$$\mathrm{d}R=\rho\frac{\mathrm{d}r}{S}=\frac{\rho\mathrm{d}r}{2\pi rt}=\frac{\rho}{2\pi t}\cdot\frac{\mathrm{d}r}{r}$$

积分后得到 $r\sim r_2$ 柱面之间的电阻 R_{r_2} 为

$$R_{r_2}=\frac{\rho}{2\pi t}\int_r^{r_2}\frac{\mathrm{d}r}{r}=\frac{\rho}{2\pi t}\ln\left(\frac{r_2}{r}\right)$$

同理，$r_1\sim r_2$ 间的总电阻 R_{12} 为

$$R_{12}=\frac{\rho}{2\pi t}\ln\left(\frac{r_2}{r_1}\right)$$

所以，从内柱面到外柱面的总电流 I_{12} 为

$$I_{12}=\frac{U_1}{R_{12}}=\frac{2\pi t}{\rho\ln\left(\frac{r_2}{r_1}\right)}U_1$$

因此，半径为 r 的某点 P 处的电势 U_r 为

$$U_r=I_{12}\cdot R_{r_2}=U_1\frac{\ln(r_2/r)}{\ln(r_2/r_1)} \tag{S4-2}$$

例 S4-2 求同轴柱面（同轴电缆）间的静电场电势分布 U_r.

设内柱面、外柱面的半径分别为 r_1 和 r_2，电势分别为 U_1 和 U_2，并令 $U_2=0$，在圆柱轴的方向上取一长度 l，设内、外柱面单位长度的带电荷量分别为 $+\tau$，$-\tau$，作半径为 r 的高斯面（柱面），则由高斯定理知，面上的场强 $\boldsymbol{E}$ 满足：$\oint\boldsymbol{E}\cdot\mathrm{d}\boldsymbol{S}=\frac{q}{\varepsilon_0}$. 所以有

$$2\pi r\cdot l\cdot E=\frac{\tau\cdot l}{\varepsilon_0}$$

故 $E=\frac{\tau}{2\pi\varepsilon_0 r}$.

而 $\boldsymbol{E}=-\frac{\mathrm{d}U}{\mathrm{d}r}\boldsymbol{r}_0$，故

$$U_r=-\int\boldsymbol{E}\cdot\mathrm{d}\boldsymbol{r}=-K\int\frac{\mathrm{d}r}{r}\left(K=\frac{\tau}{2\pi\varepsilon_0}\right)$$

所以

$$U_r = -K\ln r + C \quad (C\text{ 为常数,由边界条件确定})$$

边界条件是：$r=r_1$ 时，$U_r=U_1$；$r=r_2$ 时，$U_r=0$. 故

$$\begin{cases} U_1 = -K\ln r_1 + C \\ 0 = -K\ln r_2 + C \end{cases}$$

可得

$$U_r = U_1 \frac{\ln(r_2/r)}{\ln(r_2/r_1)} \tag{S4-3}$$

上述两例的结果形式(S4-2)和(S4-3)完全一致. 可见，可以用有电流通过的电流场(例 S4-1)模拟静电场(例 S4-2)，上述两个场即模拟场与静电场等同. 用模拟法描绘静电场是本实验的核心. 实验测量采用模拟法，这是一种重要的科学研究方法.

二、模拟法描绘静电场的条件

用电流场模拟静电场是有一定的条件和范围的，不能随意推广，否则会得出荒谬的结论. 用电流场模拟静电场的一般规律可归纳为三点：

(1) 电流场中的电极形状应当与被模拟的静电场中的带电体几何形状相同.

(2) 电流场中的导电介质应是不良导体且电导率分布均匀，电极电导率要远大于介质的电导率.

(3) 模拟所用的电极系统与被模拟的电极系统的边界条件应当相同.

三、双层静电场描绘仪

双层静电场描绘仪如图 S4-2 所示，它分上下两层. 下层装有电极 A，B(以同轴电缆模拟场为例画的，要是其他模拟场，可换相应的电极)和导电介质(介质可以是导电纸、导电玻璃、水等，如果用水作为介质，则需要水槽)，上层可放坐标纸(坐标纸可用压纸磁棒或螺盖压住，图未画出). 有一分上、下两层的探针，通过弹簧片把它们固定在金属手柄座上，两探针保持在同一铅垂线上. 移动手柄时，两探针在上下两层的运动轨迹是一致的. 下探针较圆滑，靠弹簧的作用，可始终保持与导电纸相接触. 实验时，移动手柄座，找到要测的等势点时，按一下上探针，便可在坐标纸上打一个记号点，这样找到的点上下完全对应.

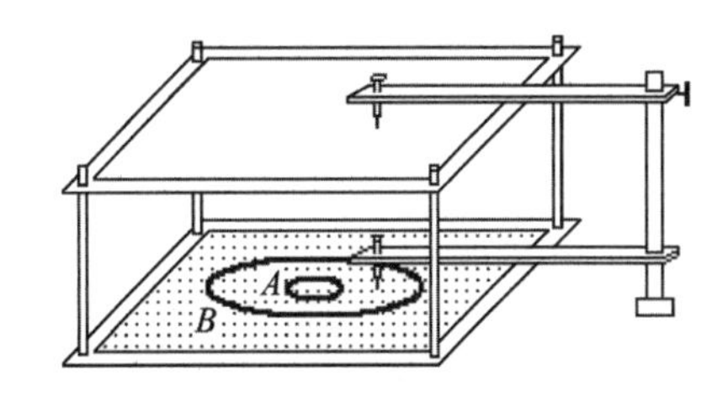

图 S4-2 双层静电场描绘仪

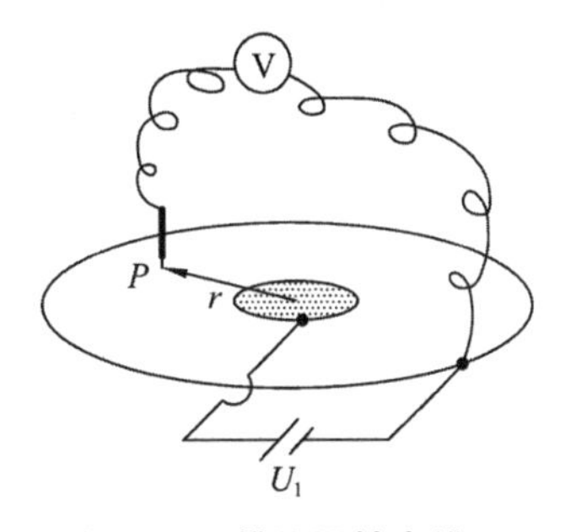

图 S4-3 模拟同轴电缆静电场的原理电路

四、描绘同轴电缆静电场的方法

模拟同轴电缆静电场的原理电路如图 S4-3 所示，其中 U_1 为供电电源，Ⓥ为内阻足够大的电压表. 移动

探针，可得出一系列等势线．由于电场线与电势线相互垂直，因此，可从等势线的描绘得出电场线．

五、描绘静电场的专用电源

EQC-2 型静电场描绘仪配备的专用电源面板如图 S4-4 所示．它可以提供 9～15V 的直流电压，由图中电压输出端口"3"输出(对应于图 S4-3 中的电源)，也可以测量直流电压(对应于图 S4-3 中的电压表)，被测电压由电压输入端口"5"输入．"2"是指示选择开关，当合向"内"时，显示屏显示输出电压值；当合向"外"时，显示被测电压值．"6"是输出电压幅度调节旋钮，可以调节输出电压的大小．"7"是输出电压选择开关．该专用电源是与 EQC-2 型静电场描绘仪配套使用的，描绘仪上装配有四套电极(同轴电缆电极、长直导线电极、电子枪聚焦电极和同轴电缆互易电极)，分别在上层和下层各装有两组电极(如果要使用上层电极时，可将仪器倒置即可)．下层电极分左电极和右电极，当使用左电极时，则将"7"合向"左"，此时电源向左电极供电；将"7"合向"右"，则电源向右电极供电．

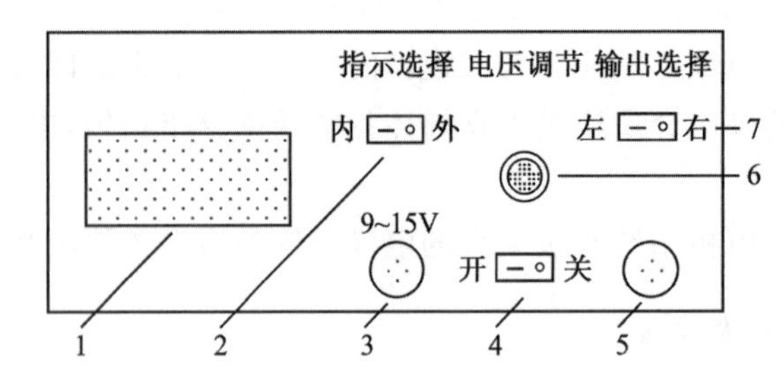

图 S4-4　EQC-2 型静电场描绘仪配备的专用电源面板

实验内容

模拟同轴电缆的静电场．

1．取一张坐标纸，用铅笔轻画一米字线后，摆在上层载纸板上，并将坐标纸压紧(坐标纸要自带，规格约 $20\times20\text{cm}^2$，米字线中心须在坐标纸中心位置)．用游标卡尺测出两极半径(即图 S4-1 所示的 r_1 和 r_2)．

2．调节探针，使上下探针在同一铅垂线上，下探针与导电纸接触良好，上探针与坐标纸保持 1～2mm 距离，并且对准米字线中心．

3．按原理图 S4-3 接线．将图 S4-4 的电压输出端口"3"用信号线连到描绘仪下层的电极插口上，给电极加电压；将电压输入端口"5"连接到同步探针上．

4．取电源输出电压 U_1 为 15V 左右(提示：设外极电势为零，则内极电势便是 U_1)．

5．用专用电源测量内、外电极的电压值 U_1，并记录下来．

6．选米字线中的任一根线，沿着该线仔细轻移探针，找到电势为 3V 的位置后，在坐标纸上记录这 3V 的点(即按一下上面的探针，则可在坐标纸上印出一个点子．注意，虽然不强调该点一定要在米字线上，但也不要偏离米字线过远)．

7. 按上述6的方法，在米字线的其他7条线上各记录一个3V的点.

8. 按上述6的方法，在米字线的各条线上测记6V，9V，12V的点子.

9. 关掉电源，取下坐标纸，量出各等势线4个等势点到米字线中心的距离，并记录在表S4-1中.

10. 用曲线板等制图工具将各等势点连成等势线，即构成相应于电势为3V，6V，9V和12V的等势线. 利用静电场中电场线与等势线垂直的关系，作相应的电场线，即描绘成为一张完整的同轴电缆的静电场分布图.

数据记录及处理

1. 记录 $U_1=$________ V，$r_1=$________ mm，$r_2=$________ mm.

2. 在表S4-1中记录电压实测值 U_r、各等势点的半径，计算平均半径 $\bar{r}$，并计算出理论值 $U_{r0}\left(U_{r0}=U_1\dfrac{\ln(r_2/\bar{r})}{\ln(r_2/r_1)}\right)$.

3. 与实测值 U_r 进行比较，计算相对误差 E_r（$E_r=\dfrac{|U_{r0}-U_r|}{U_{r0}}\times100\%$）.

表S4-1　模拟法描绘同轴电缆的静电场实验数据表

电压实测值 U_r/V	半径 r 的测量值及平均值/mm									电压理论值 U_{r0}/V	相对误差 E_r
	1	2	3	4	5	6	7	8	$\bar{r}$		

4. 根据等势点描绘出电场分布图.

思考题

1. 若极间导电介质不均匀，会对模拟实验带来什么影响？

2. 若极间电压不稳定，对实验精度有何影响？

薄透镜焦距的测定

薄透镜是光学系统常用的光学元件之一，广泛应用于望远镜、照相机、航天摄像等多种领域. 焦距是反映薄透镜成像特征的一个重要参量，薄透镜焦距的准确性影响总体光学系统的设计. 在不同的使用场合要选择焦距合适的透镜或透镜组合,因此测定焦距是一个重要的实验内容. 测量焦距的方法有多种,应根据不同的精度要求和具体的条件选择合适的方法.

实验目的

1. 掌握测量薄凸透镜焦距的两种方法.
2. 学习利用物距像距法测量薄凹透镜的焦距.
3. 掌握简单光路的分析和调节方法.

仪器和用具

光具座、凸透镜、凹透镜、物屏、像屏、光源等.

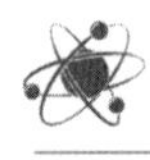

实验原理

一、薄透镜成像公式

薄透镜是指透镜厚度与焦距相比甚小的透镜. 如图 S5-1 所示,设物距、像距、焦距分别为 u, v, f,则在近轴光线的条件下,薄透镜(包括凸透镜和凹透镜)成像的规律为

$$\frac{1}{u}+\frac{1}{v}=\frac{1}{f} \tag{S5-1}$$

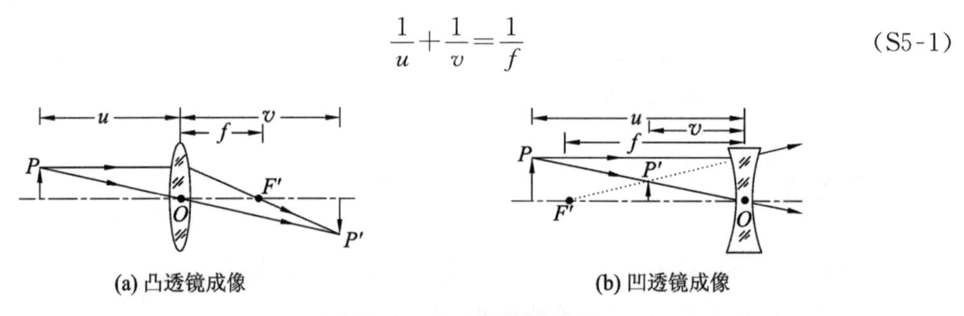

图 S5-1　透镜成像光路图

我们规定: 实物物距 u 恒取正值;像距 v 的正负由像的虚实来确定,实像时 v 为正,虚像时 v 为负; 凸透镜的 f 取正值,凹透镜的 f 取负值.

要注意,只有在透镜是薄透镜和光线是近轴光线的条件下式(S5-1)才成立. 所谓近轴光线,是指通过透镜中心部分并与主光轴夹角很小的那一部分光线. 为了满足这一条件,常常在透镜前加一光阑以挡住边缘光线,或者选用一小物体作为物,并把它的中心调到透镜的主轴上,使入射到透镜的光线与主光轴夹角很小. 常称让小物体中心能处于主光轴的调整为"调同轴等高". 下面我们以凸透镜为例介绍其调整方法.

如图 S5-2 所示,当 L(物距+像距)$>4f$ 时,凸透镜沿光轴方向移动,其光心处在

位置 O_1 和 O_2 时都能在屏上获得清晰的像，并且在 O_1 处成大像，在 O_2 处成小像. 如果小物体 AB 的中心在主轴上，那么所成的大像和小像的中心应重合，否则需调节物或透镜的高度. 调节的技巧是“大像追小像”，即把大像中心调向小像中心. 通常可固定合适的物的高度，反复调节透镜高度，至最终大像和小像中心高度重合为止.

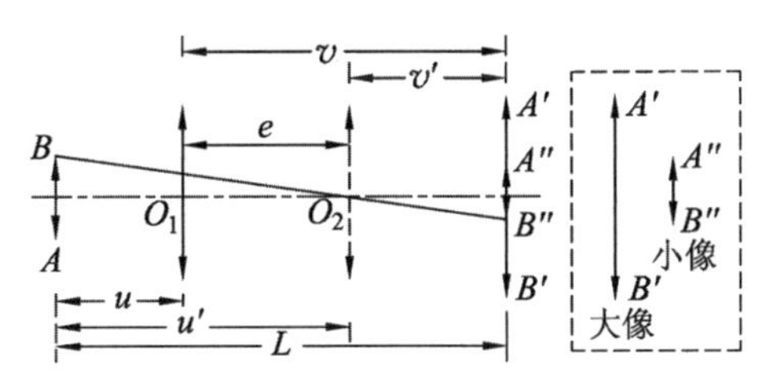

图 S5-2　调同轴等高，共轭法测焦距

二、凸透镜焦距的两种测量方法

1. 两倍焦距法. 如图 S5-3 所示，当物屏与凸透镜的距离为两倍焦距时，会产生倒立、等大的实像. 测量出物屏和像屏之间的距离 L. 这时候 $L=4f$，由此可以计算出焦距 f.

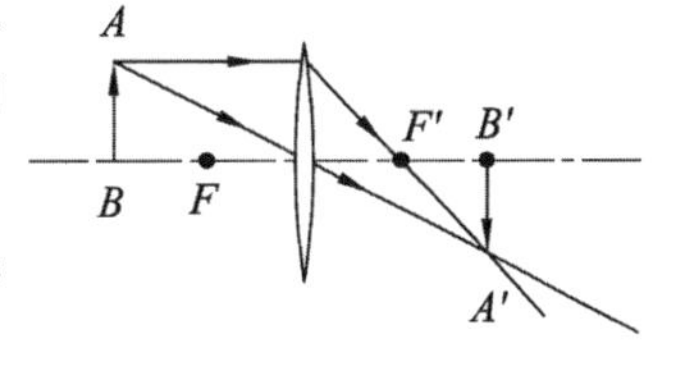

图 S5-3　两倍焦距法

2. 物距像距法. 如图 S5-1(a)所示，只要测得物距 u 和像距 v，结合式(S5-1)，便可计算出透镜的焦距 f：

$$f=\frac{uv}{u+v} \tag{S5-2}$$

根据成像公式，可总结出凸透镜物距变化时相应的像距变化规律和成像规律.

(1) 物距由无穷大变到 $2f$，则像距由 f 变到 $2f$. 在这段范围内成倒立、缩小的实像，而且物距变化很大，像距变化很小.

(2) 物距由 $2f$ 变到 f，像距由 $2f$ 变到无穷大. 在这段范围内成倒立、放大的实像，而且物距变化很小，像距变化很大.

(3) 物距由 f 变到 0 时，像距由无穷大变到 0. 在这段范围内，像与物在同一侧，成正立、放大的虚像，物距变化很小，像距变化很大.

(4) 物与像的大小之比等于物距与像距之比.

(5) 在焦距以外的一点发出的光通过凸透镜后变成一束会聚光，在焦平面上一点发出的光通过凸透镜之后变成平行光，在焦距以内的一点发出的光通过凸透镜之后仍然是发散光.

三、利用物距像距法测薄凹透镜的焦距

如图 S5-4 所示，设物 P 发出的光，经过已知焦距的凸透镜 L_1，成实像于 P'处. 再放入待测焦距的凹透镜 L_2，成实像于 P''处，则 P' 和 P'' 相对 L_2 来说分别是虚物和实像. 分别测出 L_2 到 P'和 P''的物距 u 和像距 v，利用成像公式即可获得凹透镜的焦距. 计算时需注意正负号的选取.

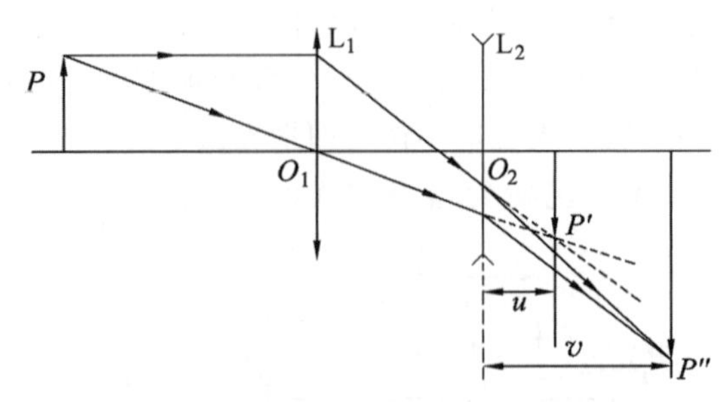

图 S5-4　利用物距像距法测薄凹透镜的焦距

四、实验技巧

1. 用“左右逼近法”减小人眼对像清晰度判断而引入的误差.

实验中，人眼对物体成像清晰度的分辨能力是不强的. 假设图 S5-1(a)中透镜位置正好使屏上像达到了理论上的清晰，这时把透镜左移一点或右移一点，人眼对屏上像的清晰度感觉并没有明显的变化. 这样，实验中因像清晰度判断的误差会引起物距、像距的测量误差. 为此，我们可用“左右逼近法”确定透镜位置：将透镜从左向右移动，使像正好清晰时，记下透镜坐标位置；然后将透镜继续右移，直到像明显不清晰后，再从右向左移动透镜使像正好清晰，记下此时透镜的坐标位置. 取这两个位置坐标的平均值作为透镜实际成像清晰的位置.

2. 用“T”字形辅助棒确定透镜、物屏、像屏的坐标位置.

物屏是实验中使用的“平面物”，即在金属屏上开孔留物，如图 S5-5 所示是“1”字形物屏. 透镜、物屏、像屏都用滑块支起，如图 S5-7 所示. 对它们坐标位置的测读因滑块上的准线和被测平面不能保证重合，因而会造成一定误差. 为此，我们可用图 S5-6

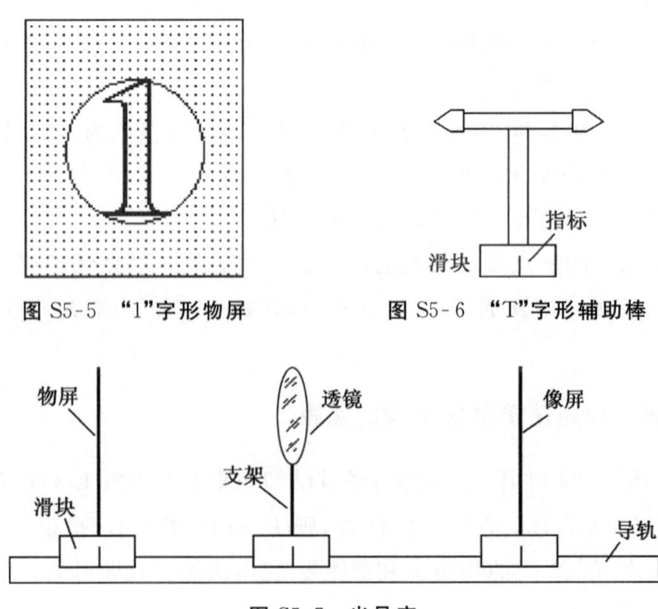

图 S5-5　“1”字形物屏

图 S5-6　“T”字形辅助棒

图 S5-7　光具座

所示的"T"字形辅助棒去测，将"T"字形辅助棒的左侧端轻靠被测平面，位置统一由辅助棒所在滑块的准线去读，如图 S5-8 所示，这样可防止上述不一致引入的误差.

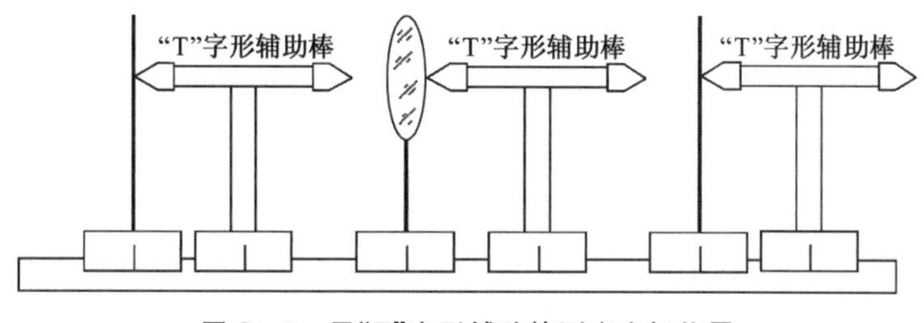

图 S5-8　用"T"字形辅助棒测定坐标位置

注意：测量前需先调同轴等高，读测数据都要采用"左右逼近法"，可借助"T"字形辅助棒读数.

实验内容

一、凸透镜焦距的测量

测量之前，将待测透镜安装好，以实验室中远处的窗子等为物，经透镜折射后成像在屏上，目测出透镜至屏的距离，即为透镜焦距的近似值.

1. 练习调整凸透镜光路的同轴等高(参考图 S5-2).

先粗调，再按"大像追小像"的方法调单个凸透镜的同轴等高.

2. 用两倍焦距法测量凸透镜的焦距(参考图 S5-3).

(1) 将由光源照明的"1"字形物屏、凸透镜和像屏依次装在光具座的支架上，使像屏、透镜、物屏靠紧.

(2) 保持透镜位置不变，同时缓慢向外移动物屏和像屏，保持凸透镜至物屏和像屏的距离相等.

(3) 当像屏出现清晰的、倒立的、等大像的时候，测量像屏和物屏直接的距离 L. 通过公式 $4f=L$，计算凸透镜的焦距.

3. 用物距像距法测量凸透镜的焦距[参考图 S5-1(a)].

(1) 在物距 $u>2f$ 和 $f<u<2f$ 的范围内，各取两个 u 值，分别测出相应的像距，并记入表 S5-1，按式(S5-2)计算出凸透镜的焦距 f. 测读时同时观察像的特点(如大小、取向等)，分别画出光路图，并加以说明.

(2) 取 $u=2f$，测像距，计算 f.

(3) 取 $u<f$，观察能否用屏得到实像？应当怎样观察才能看到物像？试画光路图并说明.

(4) 将以上所得数据和观察到的现象进行比较，列表说明物距 $u=\infty$、$u>2f$、$u=2f$、$f<u<2f$、$u=f$ 和 $u<f$ 时所对应的像距 v 和成像特征.

(5) 取一物距 $u(>f)$，测像距 v、像长 L、物长 l，将 $\frac{L}{l}$ 与 $\frac{v}{u}$ 作比较，分析结果并加以解释(作光路图).

二、凹透镜焦距的测量

用物距像距法测凹透镜的焦距(参考图 S5-4).

1. 利用刚刚测量过焦距的凸透镜，合理布局，使像屏上成缩小的实像.

2. 在像屏前面放置待测凹透镜，测量凹透镜至像屏的距离，即二次成像的物距 u.

3. 向后移动像屏至成清晰的实像，测量此时像屏与凹透镜之间的距离，即像距 v，按式(S5-2)计算出焦距(注意正负号的选取)，并填入表 S5-2.

数据记录及处理

表 S5-1 物距像距法测凸透镜的焦距

i	1	2	3
u/mm			
v/mm			
$f=\frac{uv}{u+v}$/mm			

表 S5-2 物距像距法测凹透镜的焦距

i	1	2	3
u/mm			
v/mm			
$f=\frac{uv}{u+v}$/mm			

思考题

1. 如何用光学方法区分凸透镜和凹透镜?

2. 如何调节“同轴等高”? 什么叫“左右逼近法”读数?

3. 结合实验及生活思考完成下表.

表 S5-3　凸透镜成像规律

透镜种类	物距 u	像距 v	像的性质	应用
凸透镜	$u=\infty$			测凸透镜的焦距
	$2f<u<\infty$			
	$u=2f$			无
	$f<u<2f$			幻灯机、电影机
	$u=f$		不能成像	平行光的获得
	$0<u<f$			

等厚干涉实验

光的干涉是光的波动性的一种表现. 由同一光源发出的光分成两束光，让它们各经不同路径后再汇聚在一起，当光程差小于光源的相干长度，会产生干涉现象. 当薄膜层的上、下表面有一很小的倾角时，由同一光源发出的光，经薄膜的上、下表面反射后在上表面附近相遇时产生干涉，并且厚度相同的地方形成同一级干涉条纹，这种干涉就叫等厚干涉. 其中牛顿环和劈尖是等厚干涉两个最典型的例子. 光的等厚干涉原理在生产实践中具有广泛的应用，它可用于检测透镜的曲率，测量光波波长，精确地测量微小长度、厚度和角度，检验物体表面的光洁度、平整度等.

实验目的

1. 观察等厚干涉现象，了解等厚干涉的特点.
2. 掌握读数显微镜的用法.
3. 学会用干涉法测定平凸透镜的曲率半径和微小厚度的方法.
4. 学会用逐差法来消除系统误差的一种数据处理方法.

仪器和用具

牛顿环装置、读数显微镜、钠光灯及电源、擦镜纸、普通平玻璃板等.

实验原理

利用透明薄膜上、下两表面对入射光的依次反射，入射光将分解成有一定光程差的几个部分，这是获得相干光的重要途径，它被多种干涉仪所采用. 若两束反射光在相遇时的光程差取决于产生反射光的薄膜的厚度，则同一干涉条纹所对应的薄膜厚度相同，这就是所谓的等厚干涉.

将一曲率半径 R 很大的平凸透镜 A 的凸面放在一光滑的平玻璃板 D 上，如图 S6-1(a)所示. 在 A 与 D 之间形成一以 O 为中心向四周逐渐增厚的空气层，一束单色光近乎垂直地入射到这个装置上，则由空气薄膜的上、下两表面所反射出来的两束光在透镜表面附近相遇而产生光的干涉，这种干涉是等厚干涉. 由于平凸透镜的表面是球面，因而从光的反射方向上进行观察，可以看到以接触点为中心的许多明暗相间的同心环，称为牛顿环[图 S6-1(b)]. 由图 S6-1(a)可计算出第 k 级圆形干涉条纹半径

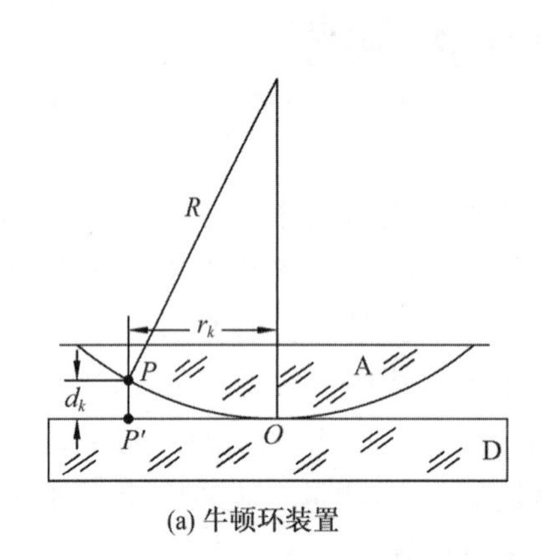

(a) 牛顿环装置

(b) 等厚干涉条纹——牛顿环

图 S6-1　牛顿环

r_k 的大小与平凸透镜的曲率半径 R 以及单色光波长 λ 之间的关系：

$$r_k = \sqrt{k\lambda R} \quad \text{(暗环)} \tag{S6-1}$$

式(S6-1)中，r_k 为第 k 级暗环的半径.

$$r_k = \sqrt{(2k-1)\frac{\lambda R}{2}} \quad \text{(明环)} \tag{S6-2}$$

式(S6-2)中，r_k 为第 k 级明环的半径.

由式(S6-1)、式(S6-2)可知，测出暗环或明环的半径后，当波长 λ 已知时，即可算出透镜的曲率半径 R. 反过来，也可由已知的曲率半径 R，算出所用光波的波长 λ.

观察牛顿环时将会发现，牛顿环中心不是一点，而是一个不甚清晰的暗的圆斑，其原因是当透镜和平玻璃板接触时，一方面，由于接触压力引起形变，使接触处不是点接触而是面接触；另一方面，即使是点接触，由于光强分布，光强从干涉相消到干涉相长(即由暗到明)不可能突变. 有时会发现，牛顿环中心是亮斑，这可能是镜面上有微小灰

尘存在，从而引起附加光程差.这都会给测量带来较大的系统误差.为此，实验测量中不能直接测牛顿环半径.

对式(S6-1)进行变换：选取第 m 级暗环，则 ${r_m}^2=mR\lambda$；选取第 n 级暗环，则 ${r_n}^2=nR\lambda$.两式相减，可得 ${r_m}^2-{r_n}^2=(m-n)R\lambda$，所以

$$R=\frac{{r_m}^2-{r_n}^2}{(m-n)\lambda} \tag{S6-3}$$

$$R=\frac{{D_m}^2-{D_n}^2}{4(m-n)\lambda} \tag{S6-4}$$

式(S6-4)中 D_m，D_n 分别第 m 级和第 n 级牛顿暗环的直径.

显而易见，式(S6-1)经过变换后有如下优点：

(1) 由级数变为级数差.变换后的物理意义显然不同了，它由序数(k)变为序数差($m-n$).它的好处是：在实验中无须确切知道这一级究竟为何值，因为在实验中要确定级数为何值，往往不太容易，但经变换后，则只需确定级数差即可.

(2) 由环半径平方变为环半径(或直径)的平方之差.

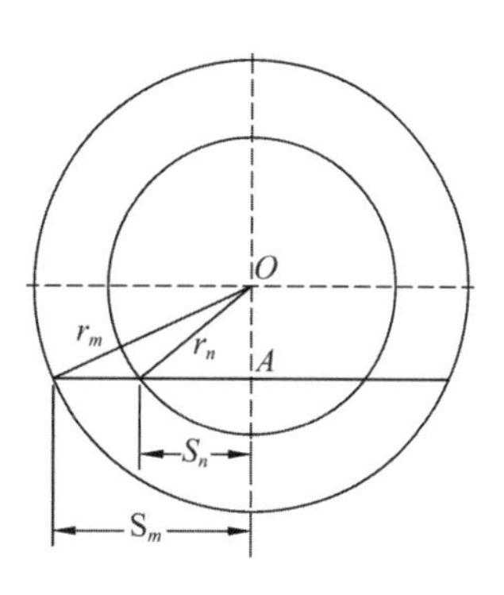

图 S6-2 测半径变换为测弦长

如图 S6-2 所示，可知 ${r_m}^2-{S_m}^2=\overline{OA}^2$，${r_n}^2-{S_n}^2=\overline{OA}^2$，所以 ${r_m}^2-{r_n}^2={S_m}^2-{S_n}^2$，即环半径的平方之差等于对应的弦的平方之差.因此，在实验时无需测圆环半径(或直径)，事实上在实验中要确定圆环的中心是很不容易的.

实验内容

由牛顿环测量透镜的曲率半径(数据列表可参见表 S6-1).

1. 用肉眼观察牛顿环，看牛顿环是否处于透镜中心，若不在中心，可调节牛顿环装置上的三个螺丝，以改变干涉环纹的形状和位置(注意不要用力旋螺丝，以防透镜玻璃形变).

2. 按图 S6-3 所示，放置好钠光灯 S，将读数显微镜中的叉丝调节清楚，将牛顿环装置放在如图 S6-3 所示位置.此时从显微镜目镜中应该可见到钠黄光视场，若没有，则再细调光源位置.

3. 调节读数显微镜镜筒的上下位置，使能看清牛顿环，并调节显微镜或移动牛顿环装置，使显微镜中叉丝与显微镜移动方向垂直.

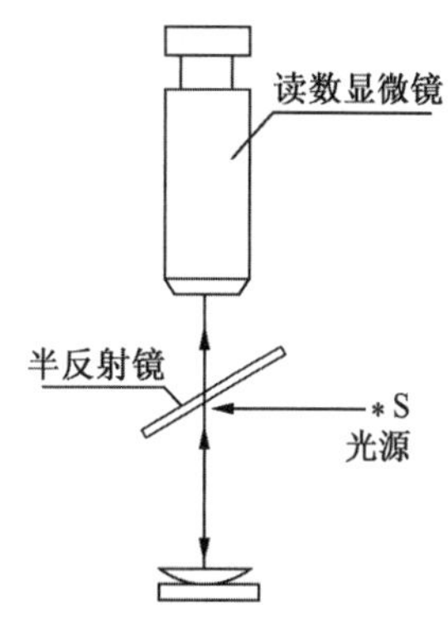

图 S6-3 光路图

4. 测量牛顿环位置坐标，算出各牛顿环的直径.旋转显微镜的测微手轮，使显微镜向某一方向移动，如从环心向左移动，使镜中叉丝交点对准距环心相当远的一暗环环纹的中

线，如第25环，记下读数显微镜此时的坐标读数；旋转测微手轮，使显微镜向右移动，对第24,23,22,…,$k+1$,k等暗环做同样的测量（记下坐标读数）.

因为接近环心的几环通常较模糊，所以不必测量k环后的几环.继续旋转测微手轮，使显微镜的叉丝交点经过中央暗斑向环心的右方移动，对k,$k+1$,…,22,23,24,25等各级暗环做上述同样的测量（为了避免引起回程误差，移测时必须向一个方向旋转，中途不可倒退，至于自左向右还是自右向左测量，都可以）.

5. 用逐差法计算透镜的曲率半径.

数据记录及处理

由牛顿环测透镜的曲率半径的数据见表S6-1.

表S6-1　由牛顿环测透镜的曲率半径　　（光源波长λ=589.3nm）

环的级数	m	25	24	23	22	21	20
环的位置/mm	左						
	右						
直径/mm	D_m						
环的级数	n	19	18	17	16	15	14
环的位置/mm	左						
	右						
直径/mm	D_n						
$D_m^2-D_n^2$/mm^2							
$\overline{D_m^2-D_n^2}$/mm^2							

思考题

1. 为什么要用钠光灯，不用普通的电灯光源？用白光时，干涉条纹有何特征？
2. 为什么在光的反射方向观察到的牛顿环中心是暗斑？在什么情况下是亮的？
3. 在正确调节下所出现的干涉圆环的粗细和疏密是否一样？为什么？

补充材料

移动读数显微镜，使其从左、右两个方向对准同一目标的两次读数似乎应该相同，但实际上由于螺杆和螺套不可能完全密切接触，改变螺旋转动方向时它们的接触状态也将改变，两次读数将不同，由此产生的测量误差称为回程误差.为了避免产生回程误差，使用读数显微镜时，应沿同一方向移动读数显微镜，使叉丝对准各个目标.

偏振现象的实验研究

光的偏振是波动光学的一种重要现象.通过对光的偏振的研究,人们对光的传播(反射、折射、吸收和散射等)的规律有了新的认识.特别是近年来利用光的偏振开发出来的各种偏振光元件、偏振光仪器和偏振光技术在现代科学技术中发挥了极其重要的作用,在光调制器、光开关、光学计量、应力分析、光信息处理、光通信、激光和光电子学器件等方面都有着广泛的应用.本实验将对光偏振的基本知识和性质进行观察、分析和研究.

实验目的

1. 观察光的偏振现象,以加深对光偏振的认识.
2. 掌握产生和检验偏振光的基本原理和方法.
3. 验证马吕斯定律.

仪器和用具

偏振片、光具座及附件、光功率计、激光器等.

实验原理

光波是电磁波,光波中含有电振动矢量 $\boldsymbol{E}$ 和磁振动矢量 $\boldsymbol{H}$,$\boldsymbol{E}$ 和 $\boldsymbol{H}$ 都和传播速度 $\boldsymbol{v}$ 垂直,因此光波是横波.实验事实表明,产生感光作用和生理作用的是光波中的电矢量,所以讨论光的作用时,可只考虑电矢量 $\boldsymbol{E}$ 的振动,$\boldsymbol{E}$ 被称为光矢量,$\boldsymbol{E}$ 的振动被称为光振动.我们把由光振动方向与波的传播方向所确定的平面,称为振动面.从光源发出的光,具有与光波传播方向相垂直的一切可能的振动,这些振动的取向是杂乱的,而且是不断变化着的,它们的总和从统计上来看是以光传播方向为对称轴的,这种光被称为自然光.自然光经过媒质的反射、折射和吸收以后,能使光波电矢量的振动在某一方向具有相对的优势,这种取向的作用被称为光的偏振.若电矢量的振动在传播过程中只限于某一确定的平面内,这样的光被称为平面偏振光(由于它的电矢量的末端轨迹为一直线,故也被称为线偏振光).若振动只在某一确定的方向上占有相对优势,则被称为部分偏振光.此外,还有一种偏振光,它的电矢量随时间做有规则的改变,电矢量末端在垂直于传播方向的平面上的轨迹呈圆或椭圆,这样的偏振光被称为圆偏振光或椭圆偏振光.能使自然光变成偏振光的装置或仪器,被称为起偏器.用来检验光是否偏振的装置或仪器,被称为检偏器.

一、平面偏振光的产生

1. 反射产生偏振.

如图 S7-1 所示,当一束自然光以入射角 i_B 从空气中入射到折射率为 n 的非金属(如玻璃、水等)界面上时,如果

$$i_B=\tan^{-1}n \tag{S7-1}$$

则从界面上反射出来的光为平面偏振光,其振动面垂直于入射面(即图 S7-1 的纸面),而透射光为部分偏振光.式(S7-1)即为布儒斯特定律,i_B 称为布儒斯特角,也称为全偏振角.对于 $n=1.5$ 的玻璃,$i_B\approx 56.3°$.当以任意角入射时,反射光只是部分偏振光(图中"·"表示垂直于纸面的偏振,"/"表示平行于纸面的偏振).

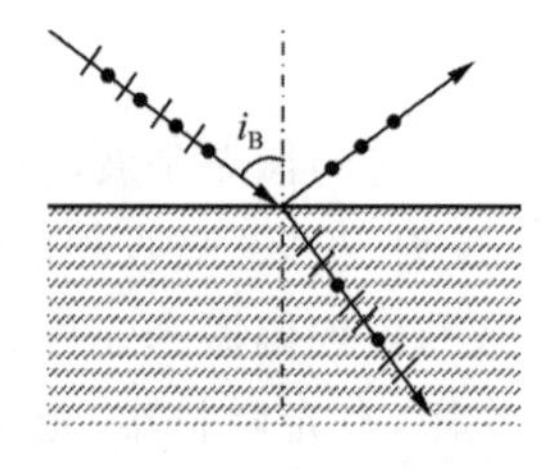

图 S7-1 反射产生偏振

2. 折射产生偏振.

当自然光以布儒斯特角平行地入射到叠在一起的多层玻璃片(即玻璃堆)时,由于每经一层玻璃片反射后,透射光中垂直于入射面的分振动均递减一部分,如图 S7-2 所示.随着玻璃片数的增加,光经多次折射,垂直于入射面的振动逐渐减弱,在入射面内的振动的相对优势就越来越大.这样,透射光的偏振程度就越来越高,近乎是振动在入射面的平面偏振光.

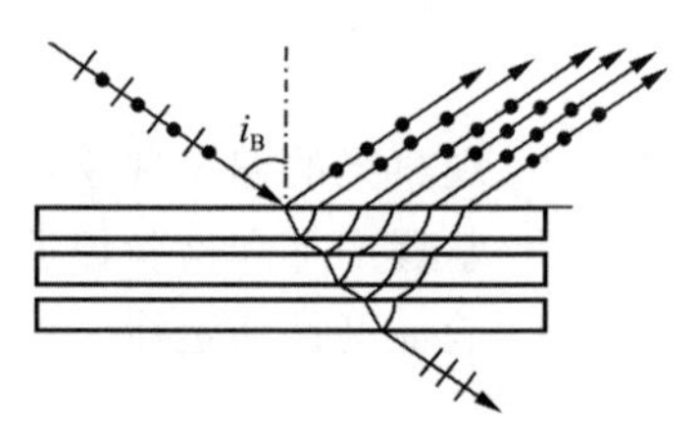

图 S7-2 折射产生偏振

3. 二向色性晶体选择吸收产生偏振.

二向色性晶体(如电气石、人造偏振片)对两个相互垂直振动的电矢量具有不同的吸收本领,这种选择吸收性被称为二向色性.当自然光通过这种二向色性的晶体时,晶体使光线在其内部分解为振动相互垂直的两种成分的偏振光,其中某一成分的振动几乎被完全吸收,而另一成分透射时几乎没有损失,那么透射的光就成为平面偏振光.

二、马吕斯定律

当偏振光经过偏振片后,入射光的光强 I_0 和出射光的光强 I 的关系为

$$I=I_0\cos^2\alpha \tag{S7-2}$$

其中,α 为入射偏振光的振动方向与检偏器透振方向的夹角.

实验内容

1. 自拟光路,观测自然光的偏振现象.

2. 定量观察马吕斯定律.

(1) 在光具座上参考图 S7-3 摆放光学元件,先不放检偏器,调整光源、各光学元

件、光功率计至等高.

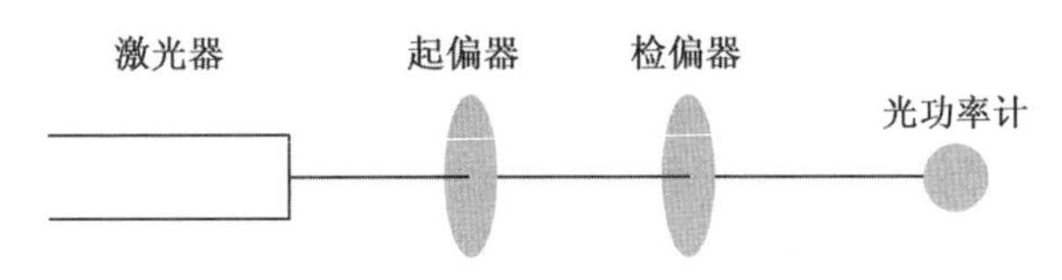

图 S7-3 马吕斯定律验证试验光路

(2) 旋转起偏器,观察光功率计读数,选择合适量程,确保最强光照时不超过探测器量程.

(3) 固定起偏器角度值,加入检偏器并调节至等高状态.旋转检偏器,以初始状态为0°,每隔5°记录光功率计读数(表S7-1).记录180°范围内的变化,注意观察消光现象.

(4) 旋转起偏器45°,重复步骤(3).

数据记录及处理

表 S7-1 验证马吕斯定律的实验数据

α	0°	5°	…	180°
I_1(观测值)				
I_2(观测值)				

在计算机上利用Excel绘出I_1-α和I_2-α曲线,利用余弦函数拟合数据,看实验结果是否可验证马吕斯定律.

思考题

1. 一束自然光入射到一由理想起偏器和理想检偏器组成的媒质,透射光强度是入射自然光强度的$\frac{1}{3}$,则理想起偏器和理想检偏器两个偏振轴之间的夹角为多少?

2. 常用的二向色性人造偏振片具有退偏振效应,即入射光振动方向与透振方向垂直时并不能完全吸收入射光,这会对马吕斯验证实验产生什么样的影响?

传感器的认识与使用

传感器是现代监测和全自动控制系统的重要组成部分,在现代科学和技术领域中的地位越来越重要,各类传感器的研制和推广使用也在飞速发展.学生通过本实验,可掌握传感器的基本特性,为今后的应用打下初步的基础.从广义上讲,传感器是采用某些器件或装置把被测非电学量(如物理量、化学量、生物量等)的量值形式变换为另一种与之有确定关系而且便于计算的量值形式.从狭义上讲,传感器是将非电学量(如温度、湿度、质量、压力、速度、位移、形变、移位、流量等)转换为电学量(电压、电流和频率等)的一种器件.利用传感器测量的优点是:能连续测量,可以实现自动控制生产过程;能够远距离测量,可自动记录测量量值;可以通过示波器测量动态过程;测量的准确度和灵敏度较高;可与微型计算机组或自动化、智能化测量系统实现数据处理、误差矫正和自动监控等功能.

传感器的基本特性包括静态特性和动态特性两类.传感器的静态特性是指被测非电学量的数值不随时间变化时传感器的输入量和输出量的关系特性.因此,静态特性可用以输入量为横坐标,以与其对应的输出量为纵坐标的一条曲线来描述.表征传感器静态特性的参数主要有线性度、灵敏度、迟滞、重复性、稳定性等.线性度指输入量与输出量所描绘曲线接近直线的程度.灵敏度是指传感器在稳定工作时输出量的变化量与输入量的变化量之比值,亦为特性曲线的斜率.传感器的灵敏度越高,则被测非电学量的测量精度越高,但测量范围变窄,稳定性往往越差.

传感器的动态特性又被称为动态响应能力,是指被测非电学量随时间变化(动态信号)时传感器的输出响应特性,也可以认为是输出量随时间变化的关系与输入量随时间变化关系的一致性.

8.1 压阻式压力传感器测量压力特性实验

实验目的

了解扩散硅压阻式压力传感器测量压力的原理和标定方法.

仪器和用具

主机箱中的气压表,气源接口,电压表,直流稳压电源±15V、±2~±10V(步进可调),压阻式压力传感器,压力传感器实验模板,引压胶管.

实验原理

扩散硅压阻式压力传感器的工作机理是半导体应变片的压阻效应,当半导体受力变形时会暂时改变晶体结构的对称性,因而改变了半导体的导电机理,使得它的电阻率发生变化,这种物理现象被称为半导体的压阻效应.一般半导体应变采用 N 型单晶硅为传感器的弹性元件，在它上面直接蒸镀扩散出多个半导体电阻应变薄膜（扩散出P型或N型电阻条）组成电桥．在压力（压强）作用下弹性元件产生应力，半导体电阻应变薄膜的电阻率产生很大变化，引起电阻的变化，经电桥转换成电压输出，则其输出电压的变化反映了所受到的压力变化．图S8-1为压阻式压力传感器压力测量实验原理图．

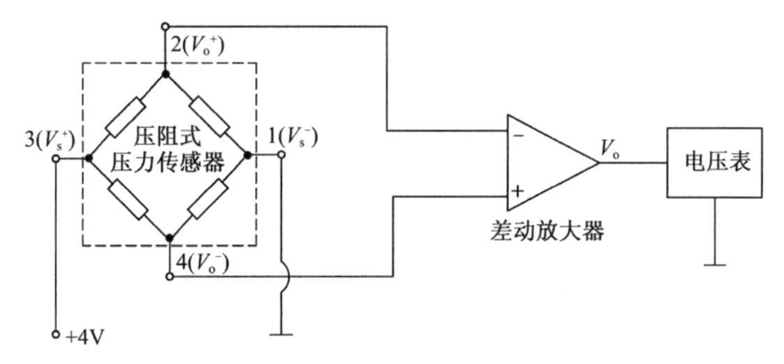

图S8-1　压阻式压力传感器压力测量实验原理图

实验内容

1．按图S8-2安装传感器，连接引压胶管和电路，将压力传感器安装在压力传感器实验模板的传感器支架上；引压胶管一端插入主机箱面板上的气源的快速接口中（注意拔出管子时请用双指按住气源快速接口边缘往内压，即可轻松拉出），另一端口与压力传感器相连；压力传感器引线为4芯线（专用引线），压力传感器的1端接地，2端为输出V_o^+，3端接电源＋4V，4端为输出V_o^-．具体接线见图S8-2．

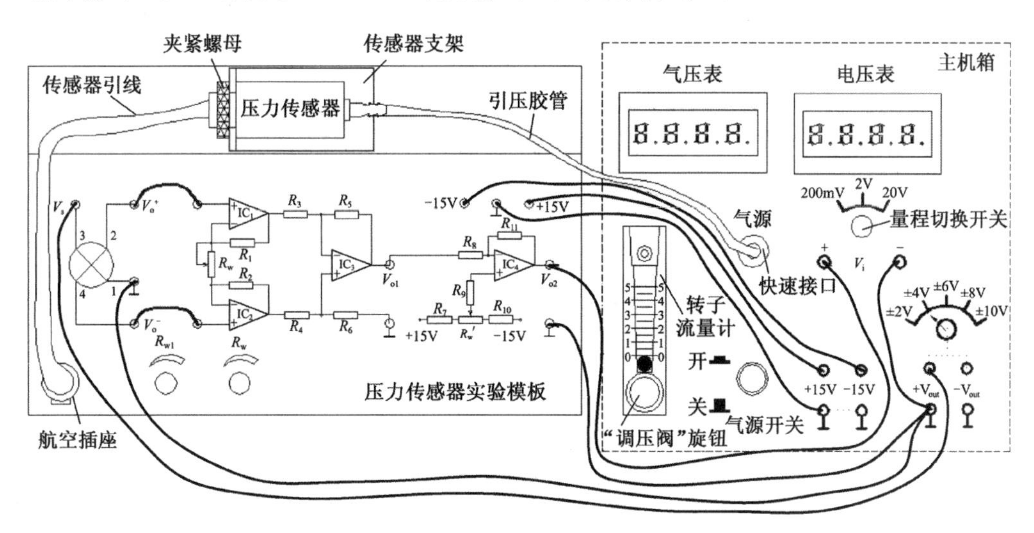

图S8-2　压阻式压力传感器测压实验安装、接线示意图

2．将主机箱中电压表量程切换开关切换到2V挡，可调电源±2～±10V调节到±4V挡．实验模板上R_{w1}用于调节放大器增益，R_{w2}用于调零．将R_{w1}调节到1/3位置

(即逆时针旋到底,再顺时针旋转 3 圈).合上主机箱上的电源开关,仔细调节 R_{w2},使主机箱电压表显示为零.

3. 合上主机箱上的气源开关,启动压缩泵,逆时针旋转"转子流量计"下端"调压阀"旋钮,此时可看到流量计中的滚珠向上浮起,悬于玻璃管中,同时观察气压表和电压表的变化.

4. 调节"调压阀"旋钮,使气压表显示某一值,观察电压表显示的数值.

5. 仔细地逐步调节"调压阀"旋钮,使压力在 2～18kPa 之间变化(气压表显示值),每上升 1kPa 气压,分别读取电压表读数,将数值列于表 S8-1.

数据记录及处理

1. 记录压阻式压力传感器实验数据.

表 S8-1　压阻式压力传感器测压实验数据

p/kPa										
$V_{o(p-p)}$/mV										

2. 画出实验曲线,计算本系统的灵敏度和非线性误差.

8.2　差动变压器的性能实验

实验目的

了解差动变压器的工作原理和特性.

仪器和用具

主机箱中的±15V 直流稳压电源、音频振荡器、差动变压器、差动变压器实验模板、测微头、双踪示波器.

实验原理

差动变压器的工作原理是电磁互感原理.差动变压器的结构如图 S8-3 所示,它由一个一次绕组 1 和两个二次绕组 2、3 及一个衔铁 4 组成.差动变压器一、二次绕组间的耦合能随衔铁的移动而变化,即绕组间的互感随被测位移的变化而变化.由于把两个二次绕组反向串接(* 同名端相接),以差动电势输出,所以把这种传感器称为差动变压器式电感传感器，通常简称为差动变压器.

当差动变压器工作在理想情况下（忽略涡流损耗、磁滞损耗和分布电容等影响），它的等效电路如图 S8-4 所示. 图中$\hat{U}_1$ 为一次绕组激励电压；M_1，M_2 分别为一次绕组与两个二次绕组间的互感；L_1，R_1 分别为一次绕组的电感和有效电阻；L_{21}，L_{22}分别为两个二次绕组的电感；R_{21}，R_{22}分别为两个二次绕组的有效电阻. 对于差动变压器，当衔铁处于中间位置时，两个二次绕组互感相同，因而由一次侧激励引起的感应电动势相同. 由于两个二次绕组反向串接，所以差动输出电动势为零. 当衔铁移向二次绕组 L_{21}，这时互感 M_1 大、M_2 小，因而二次绕组 L_{21}内感应电动势大于二次绕组 L_{22}内感应电动势，这时差动输出电动势不为零.

在传感器的量程内，衔铁位移越大，差动输出电动势就越大. 同样地，当衔铁向二次绕组 L_{22}一边移动，差动输出电动势仍不为零，但由于移动方向改变，所以输出电动势反相. 因此，通过差动变压器输出电动势的大小和相位可以知道衔铁位移量的大小和方向.

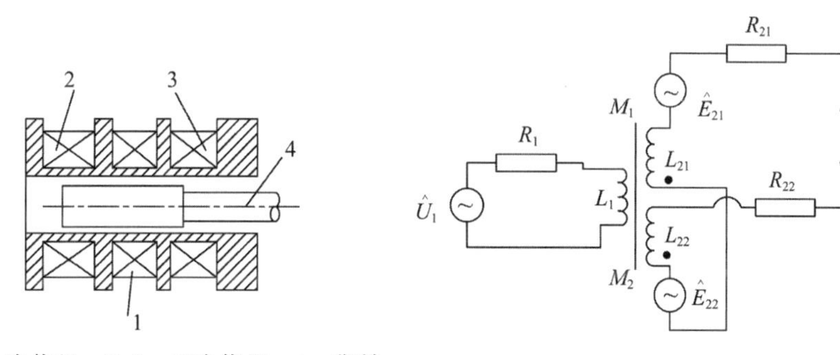

1—一次绕组　2、3—二次绕组　4—衔铁

图 S8-3　差动变压器的结构示意图　　　**图 S8-4　差动变压器的等效电路图**

由图 S8-4 可以看出一次绕组的电流为

$$\hat{I}_1=\frac{\hat{U}_1}{R_1+\mathrm{j}\omega L_1} \tag{S8-1}$$

二次绕组的感应电动势为

$$\hat{E}_{21}=-\mathrm{j}\omega M_1\hat{I}_1 \tag{S8-2}$$

$$\hat{E}_{22}=-\mathrm{j}\omega M_2\hat{I}_2 \tag{S8-3}$$

由于二次绕组反向串接，所以输出总电动势为

$$\hat{E}_2=-\mathrm{j}\omega(M_1-M_2)\frac{\hat{U}_1}{R_1+\mathrm{j}\omega L_1} \tag{S8-4}$$

其有效值为

$$E_2=\frac{\omega(M_1-M_2)U_1}{\sqrt{R_1{}^2+(\omega L_1)^2}} \tag{S8-5}$$

差动变压器的输出特性曲线如图 S8-5 所示. 图中$\hat{E}_{21}$,$\hat{E}_{22}$分别为两个二次绕组的输出感应电动势,$\hat{E}_2$ 为差动输出电动势,x 表示衔铁偏离中心位置的距离. 其中,实线表示理想的输出特性,虚线表示实际的输出特性. $\hat{E}_0$ 为零点残余电动势,这是由于差动变压器制作上的不对称以及铁芯位置等因素所造成的. 零点残余电动势的存在,使得传感器的输出特性在零点附近不灵敏,给测量带来误差,此值的大小是衡量差动变压器性能好坏的重要指标. 为了减小零点残余电动势,可采取以下方法:

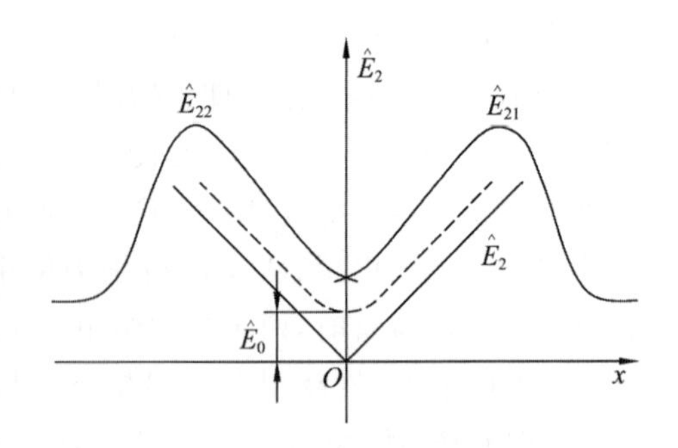

图 S8-5　差动变压器输出特性

1. 尽可能保证传感器几何尺寸、线圈电气参数及磁路的对称. 磁性材料要经过处理,消除内部的残余应力,使其性能均匀稳定.

2. 选用合适的测量电路,如采用相敏整流电路,既可判别衔铁移动方向,又可改善输出特性,减小零点残余电动势.

3. 采用补偿线路减小零点残余电动势. 图 S8-6 是几种典型的减小零点残余电动势的补偿电路. 在差动变压器的线圈中串、并适当数值的电阻或电容元件,当调整 W_1,W_2 时,可使零点残余电动势减小.

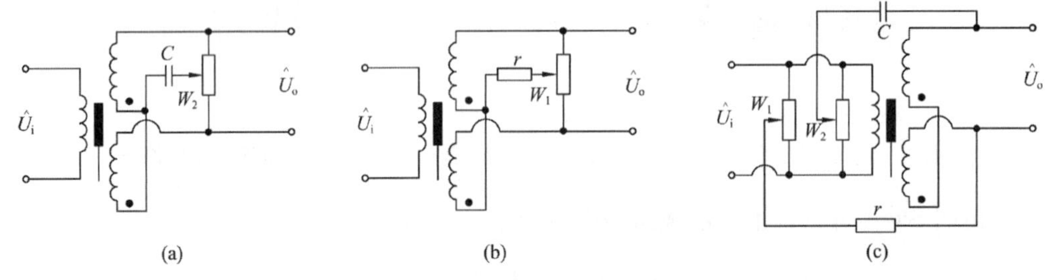

图 S8-6　减小零点残余电动势的补偿电路

实验内容

一、测微头的组成与使用

测微头的组成和读数如图 S8-7 所示.

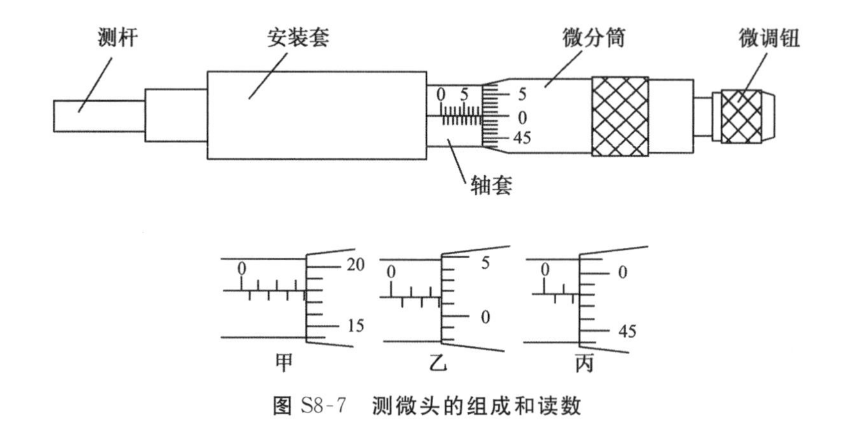

图 S8-7　测微头的组成和读数

测微头的组成：测微头由不可动部分安装套、轴套和可动部分测杆、微分筒、微调钮组成.

测微头的读数与使用:测微头的安装套便于在支架座上固定安装,轴套上的主尺上有两排刻度线,标有数字的是整毫米刻线(1mm/格),另一排是半毫米刻线(0.5mm/格);微分筒前部圆周表面上刻有50等份的刻线(0.01mm/格).

用手旋转微分筒或微调钮时,测杆就沿轴线方向进退.微分筒每转过1格,测杆沿轴方向移动微小位移0.01mm,这也叫测微头的分度值.

测微头的读数方法是:先读轴套主尺上露出的刻度数值,注意半毫米刻线;再读与主尺横线对准的微分筒上的数值,可以估读$\frac{1}{10}$分度.图 S8-7 甲读数为3.680mm,不是3.180mm;遇到微分筒边缘前端与主尺上某条刻线重合时,应看微分筒的示值是否过零,图 S8-7 乙已过零,则读数为2.514mm;图 S8-7 丙未过零,则读数应为1.980mm,而不是2mm.

测微头在实验中是用来产生位移并指示出位移量的工具.一般在使用测微头前,首先转动微分筒到10mm处(为了保证测杆沿轴向前、后位移的余量),再将测微头轴套上的主尺横线面向自己,安装到专用支架座上,移动测微头的安装套(测微头整体移动),使测杆与被测体连接并使被测体处于合适位置(视具体实验而定)时再拧紧支架座上的紧固螺钉.当转动测微头的微分筒时,被测体就会随测杆而移动.

二、差动变压器

1. 差动变压器、测微头及实验模板按图 S8-8 所示安装、接线.实验模板中的L_1为差动变压器的初级线圈,L_2和L_3为次级线圈,*号为同名端;L_1的激励电压必须从主机箱中音频振荡器的L_v端子引入.检查接线无误后,合上主机箱上的电源开关,调节音频振荡器的频率为4～5kHz、幅度为峰—峰值$V_{p-p}=2V$,作为差动变压器初级线圈的激励电压(示波器设置提示:触发源选择内触发CH1,水平扫描速度TIME/DIV在0.1ms～10μs范围内选择,触发方式选择AUTO,垂直显示方式为双踪显示DUAL,垂直输入耦合方式选择交流耦合AC,CH1灵敏度VOLTS/DIV在0.5～1V

范围内选择，CH2 灵敏度 VOLTS/DIV 在 50～100mV 范围内选择).

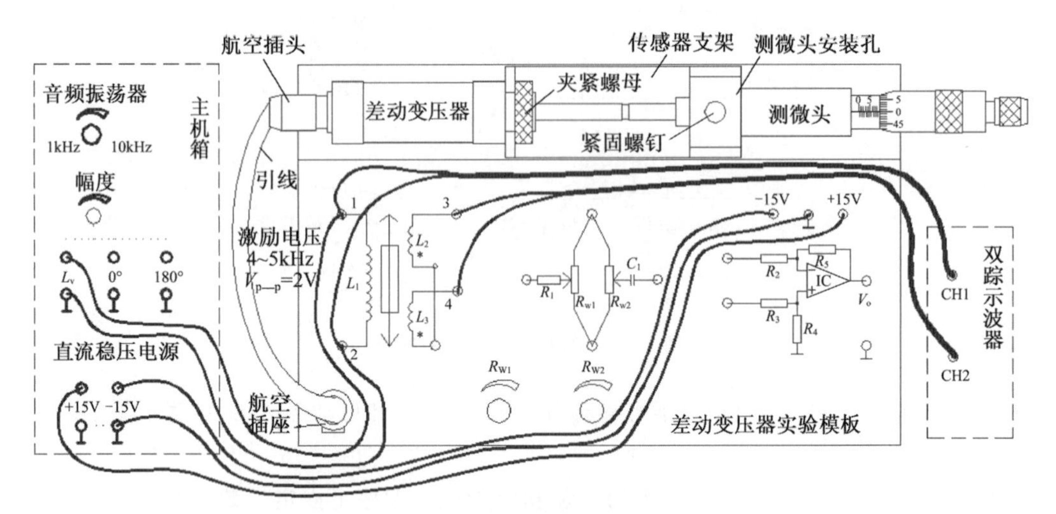

图 S8-8　差动变压器性能实验安装、接线示意图

2. 差动变压器的性能实验. 使用测微头时，当来回调节微分筒使测杆产生位移的过程中本身就存在机械回程误差，为消除这种机械回程误差，可用如下 a、b 两种方法进行实验，建议用 b 方法可以检测到差动变压器零点残余电压附近的死区范围.

a. 调节测微头的微分筒(0.01mm/每小格)，使微分筒的“0”刻度线对准轴套的 10mm 刻度线. 松开安装测微头的紧固螺钉，移动测微头的安装套，使示波器第二通道显示的波形 V_{p-p}(峰—峰值)为较小值(值越小越好，变压器铁芯大约处在中间位置)时，拧紧紧固螺钉. 仔细调节测微头的微分筒，使示波器第二通道显示的波形 V_{p-p} 为最小值(零点残余电压)并定为位移的相对零点. 这时可假设其中一个方向的位移为正，另一个方向的位移为负，从 V_{p-p} 最小开始旋动测微头的微分筒，每隔 $\Delta x=0.2$mm(可取 30 个点值)从示波器上读出输出电压 V_{p-p}，填入表 S8-2. 再将测位头位移退回到 V_{p-p} 最小处，开始反方向(也取 30 个点值)做相同的位移实验.

在实验过程中请注意：

① 从 V_{p-p} 最小值处决定位移方向后，测微头只能按所定方向调节位移，中途不允许回调；否则，由于测微头存在机械回程误差而引起位移误差. 所以，实验时每点位移量须仔细调节，绝对不能调节过量，如过量，则只好剔除这一点粗大误差，继续做下一点实验，或者回到零点重新做实验.

② 当一个方向行程实验结束，做另一方向的实验时，测微头回到 V_{p-p} 最小值处时它的位移读数有变化(没有回到原来起始位置)是正常的，做实验时位移取相对变化量 Δx 为定值，与测微头的起始点定在哪一根刻度线上没有关系，只要中途测微头微分筒不回调，就不会引起机械回程误差.

*b. 调节测微头的微分筒(0.01mm/每小格)，使微分筒的“0”刻度线对准轴套的 10mm 刻度线. 松开安装测微头的紧固螺钉，移动测微头的安装套，使示波器第二通道显示的波形 V_{p-p}(峰—峰值)为较小值(值越小越好，变压器铁芯大约处在中间位置)

时，拧紧紧固螺钉，再顺时针方向转动测微头的微分筒12圈，记录此时的测微头读数和示波器CH2通道显示的波形V_{p-p}（峰—峰值），作为实验起点值. 以后，反方向（逆时针方向）调节测微头的微分筒，每隔$\Delta x=0.2$mm（可取60～70个点值）从示波器上读出输出电压V_{p-p}，填入表S8-2（这样单行程位移方向做实验，可以消除测微头的机械回程误差）.

3. 根据表S8-2数据，画出x-V_{p-p}曲线并找出差动变压器的零点残余电压. 实验完毕，关闭电源.

数据记录及处理

表S8-2 差动变压器性能实验数据

Δx/mm										
V_{p-p}/mV										

思考题

1. 试分析差动变压器与一般电源变压器的异同.
2. 用直流电压激励会损坏传感器，为什么？
3. 如何理解差动变压器的零点残余电压？用什么方法可以减小零点残余电压？

8.3 电容式传感器的位移实验

实验目的

了解电容式传感器的结构及其特点.

仪器和用具

主机箱±15V直流稳压电源、电压表、电容传感器、电容传感器实验模板、测微头.

实验原理

一、原理简述

电容传感器是以各种类型的电容器为传感元件，将被测物理量转换成电容量的变化来实现测量的.电容传感器的输出是电容的变化量.利用电容$C=\frac{\varepsilon S}{d}$关系式,通过相应的结构和测量电路,在$\varepsilon$,$S$,$d$三个参数中,保持两个参数不变,而只改变其中一个参数,则可以有测干燥度(ε变)、测位移(d变)和测液位(S变)等多种电容传感器.电容传感器极板形状分成平板形、圆板形和圆柱(圆筒)形,虽还有球面形和锯齿形等其他形状,但一般很少使用.本实验采用的传感器为圆筒形变面积差动结构的电容式位移传感器,差动式一般优于单组(单边)式的传感器,它灵敏度高、线性范围宽、稳定性高.如图S8-9所示,它由两个圆筒和一个圆柱组成.设圆筒的半径为R,圆柱的半径为r,圆柱的长为h,则电容量$C=\frac{2\pi h\varepsilon}{\ln\left(\frac{R}{r}\right)}$.图中$C_1$,$C_2$是差动连接,当图中的圆柱产生$\Delta h$位移时,电容量的变化量$\Delta C=C_1-C_2=\frac{2\pi\Delta h\varepsilon}{\ln\left(\frac{R}{r}\right)}$,式中$\pi$,$\varepsilon$,$\ln\left(\frac{R}{r}\right)$为常数,说明$\Delta C$与$\Delta h$成正比,配上配套测量电路就能测量位移.

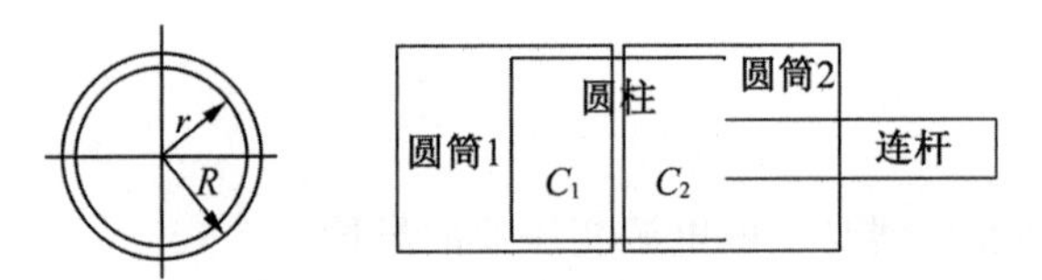

图 S8-9 实验电容传感器的结构

二、测量电路(电容变换器)

测量电路画在实验模板的面板上.其电路的核心部分见图S8-10,环形充放电电路由D_3、D_4、D_5、D_6二极管,C_4电容,L_1电感和C_{X1}、C_{X2}(实验差动电容位移传感器)组成.

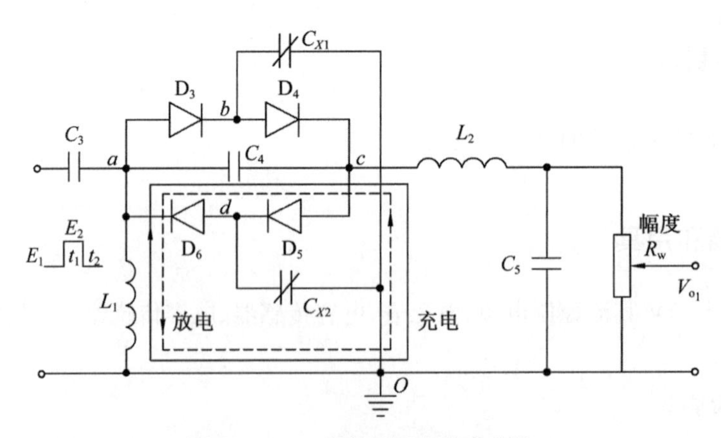

图 S8-10 二极管环形充放电电路

当高频激励电压($f>100$kHz)输入到a点,由低电平E_1跃到高电平E_2时,电容C_{X1}和C_{X2}两端电压均由E_1充到E_2.充电电荷一路由a点经D_3到b点,再对C_{X1}充电

到 O 点(地);另一路由 a 点经 C_4 到 c 点,再经 D_5 到 d 点对 C_{X2} 充电到 O 点. 此时,D_4 和 D_6 由于反偏置而截止. 在 t_1 充电时间内,由 a 点到 c 点的电荷量为

$$Q_1=C_{X2}(E_2-E_1) \tag{S8-6}$$

当高频激励电压由高电平 E_2 返回到低电平 E_1 时,电容 C_{X1} 和 C_{X2} 均放电. C_{X1} 经 b 点、D_4、c 点、C_4、a 点、L_1 放电到 O 点;C_{X2} 经 d 点、D_6、L_1 放电到 O 点. 在 t_2 放电时间内由 c 点到 a 点的电荷量为

$$Q_2=C_{X1}(E_2-E_1) \tag{S8-7}$$

当然,式(S8-6)和式(S8-7)是在 C_4 电容值远远大于传感器的 C_{X1} 和 C_{X2} 电容值的前提下得到的结果. 电容 C_4 的充放电回路如图 S8-10 中实线、虚线箭头所示.

在一个充放电周期内($T=t_1+t_2$),由 c 点到 a 点的电荷量为

$$Q=Q_2-Q_1=(C_{X1}-C_{X2})(E_2-E_1) \tag{S8-8}$$

式中,C_{X1} 与 C_{X2} 的变化趋势是相反的(由传感器的结构决定,是差动式).

设激励电压频率 $f=\frac{1}{T}$,则流过 ac 支路输出的平均电流 i 为

$$i=fQ=f\Delta C_X\Delta E \tag{S8-9}$$

式中,ΔE 为激励电压幅值,ΔC_X 为传感器的电容变化量.

由式(S8-9)可看出,当 f,ΔE 一定时,输出平均电流 i 与 ΔC_X 成正比,此输出平均电流 i 经电路中的电感 L_2、电容 C_5 滤波变为直流 I 输出,再经 R_w 转换成电压输出,$V_{o_1}=IR_w$. 由传感器原理,已知 ΔC 与 Δh 成正比,所以通过测量电路的输出电压 V_{o_1} 就可知 Δh.

电容式位移传感器实验原理方块图如图 S8-11 所示.

图 S8-11　电容式位移传感器实验方块图

实验内容

1. 按图 S8-12 所示安装、接线.

2. 将实验模板上的 R_w 调节到中间位置(方法:逆时针转到底,再顺时针转 3 圈).

3. 将主机箱上的电压表量程切换开关打到 2V 挡,检查接线无误后合上主机箱电源开关,旋转测微头,改变电容传感器的动极板位置,使电压表显示 0V,再转动测微头(同一个方向)6 圈,记录此时的测微头读数和电压表显示值,作为实验起点值. 以后,反方向每转动测微头 1 圈,即 $\Delta h=0.5$mm,读取电压表读数(这样转 12 圈,读取相应的电压表读数),将数据填入表 S8-3(单行程位移方向做实验,可以消除测微头的回程误差).

4. 实验完毕,关闭电源开关.

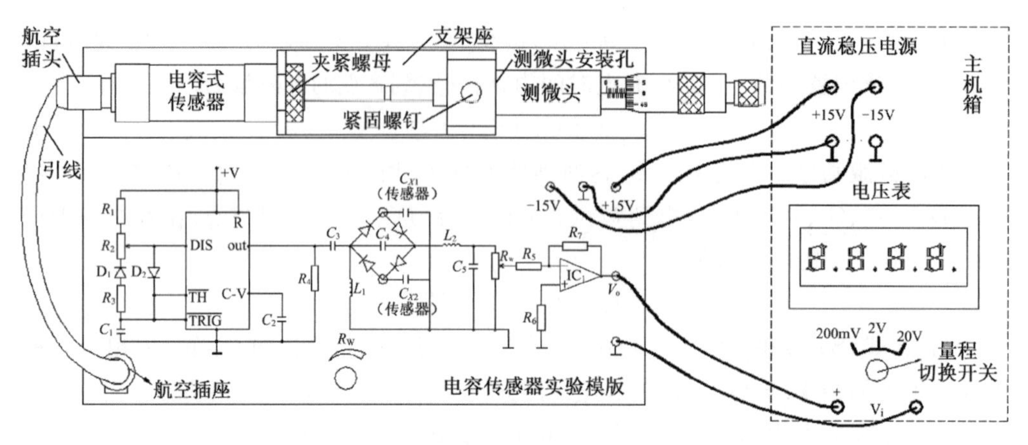

图 S8-12　电容传感器位移实验安装、接线示意图

数据记录及处理

表 S8-3　电容传感器位移实验数据

h/mm										
V/mV										

实验 9　音叉受迫振动与共振研究

实际的振动系统总会受到各种阻力，系统的振动因为要克服内在或外在的各种阻尼而消耗自身的能量. 如果系统没有补充能量，振动就会衰减，最终停止振动. 要使振动能持续下去，就必须对系统振子施加持续的周期性外力，以补充因各种阻尼而损失的能量. 振子在周期性外力作用下产生的振动叫作受迫振动. 当外加的驱动力的频率与振子的固有频率相同时，会产生共振现象.

音叉是一个典型的振动系统，其四臂对称、振动相反，而中心杆处于振动的节点位置，净受力为零，并不振动，我们将它固定在音叉固定架上是不会引起振动衰减的. 其固有频率可因其质量和音叉臂长短、粗细而不同. 音叉广泛应用于多个行业，如用于产生标准的“纯音”，鉴别耳聋的性质，计时或用作检测液位的传感器，检测液体密度的传感器，等等.

实验目的

1. 研究受迫振动与共振现象及其规律.
2. 测量受迫振动系统振动与驱动力频率的关系.

仪器和用具

DH4615型音叉受迫振动与共振实验仪(图S9-1),包括260Hz左右基频的钢质音叉、两个电磁激振线圈、阻尼装置、四对加载质量块(由小到大为5g一对、10g两对、15g一对,其中一对10g的可以作为未知质量块)、测试架、音频信号发生器、三位半2V交流数字电压表等.

图S9-1 DH4615型音叉受迫振动与共振实验仪

实验原理

一、音叉的电磁激振与拾振

将一组电磁线圈置于钢质音叉臂的上下方两侧,并靠近音叉臂.对驱动线圈施加交变电流,此时产生交变磁场,使音叉臂磁化,产生交变的驱动力.将接收线圈靠近被磁化的音叉臂处,可感应出音叉臂的振动信号.由于感应电流 $I\propto\frac{\mathrm{d}B}{\mathrm{d}t}$($\frac{\mathrm{d}B}{\mathrm{d}t}$代表交变磁场变化的快慢,其值大小取决于音叉振动的速度,速度越快,磁场变化越快,产生的电流越大,从而使测得的电压值越大),所以,接收线圈中所测得的电压值变化曲线就是音叉受迫振动的速度共振曲线,相应的输出电压代表了音叉的速度共振幅值.

二、简谐运动与阻尼振动

物体的振动速度不大时,它所受的阻力大小通常与速率成正比,若以 F 表示阻力大小，可将阻力写成下列代数式：

$$F=-\gamma\mu=-\gamma\frac{\mathrm{d}x}{\mathrm{d}t} \tag{S9-1}$$

式中，γ 是与阻力相关的比例系数，其值取决于运动物体的形状、大小和周围介质等的性质.

物体的上述振动在有阻尼的情况下，振子的动力学方程为

$$m\frac{\mathrm{d}^2x}{\mathrm{d}t}=-\gamma\frac{\mathrm{d}x}{\mathrm{d}t}-kx$$

式中，m 为振子的等效质量，k 为与振子属性有关的劲度系数.

令 $\omega_0{}^2=\frac{k}{m}$，$2\delta=\frac{\gamma}{m}$，代入上式，可得

$$\frac{\mathrm{d}^2x}{\mathrm{d}t^2}+2\delta\frac{\mathrm{d}x}{\mathrm{d}t}+\omega_0{}^2x=0 \tag{S9-2}$$

式中，ω_0 是对应于无阻尼时的系统振动的固有角频率，δ 为阻尼系数.

当阻尼较小时，式(S9-2)的解为

$$x=A_0\mathrm{e}^{-\delta t}\cos(\omega t+\varphi_0) \tag{S9-3}$$

式中，$\omega=\sqrt{\omega_0{}^2-\delta^2}$.

由式(S9-3)可知，如果 $\delta=0$，则认为是无阻尼的运动，这时 $x=A_0\cos(\omega t+\varphi_0)$，成为简谐运动. 在 $\delta\neq0$，即在有阻尼的振动情况下，此运动是一种衰减运动. 从式 $\omega=\sqrt{\omega_0{}^2-\delta^2}$ 可知，相邻两个振幅最大值之间的时间间隔为

$$T=\frac{2\pi}{\omega}=\frac{2\pi}{\sqrt{\omega_0{}^2-\delta^2}} \tag{S9-4}$$

与无阻尼的周期 $T=\frac{2\pi}{\omega_0}$ 相比，周期变大.

三、受迫振动

实际的振动都是阻尼振动，一切阻尼振动最后都要停止下来. 要使振动能持续下去，必须对振子施加持续的周期性外力，使其因阻尼而损失的能量得到不断的补充. 振子在周期性外力作用下发生的振动叫作受迫振动，而周期性的外力又被称为驱动力. 实际发生的许多振动都属于受迫振动. 例如，声波的周期性压力使耳膜产生的受迫振动，电磁波的周期性电磁场力使天线上电荷产生的受迫振动等.

为简单起见，假设驱动力有如下形式：

$$F=F_0\cos\omega t$$

式中，F_0 为驱动力的幅值，ω 为驱动力的角频率.

振子处在驱动力、阻力和线性回复力三者的作用下，其动力学方程为

$$m\frac{\mathrm{d}^2x}{\mathrm{d}t^2}=-\gamma\frac{\mathrm{d}x}{\mathrm{d}t}-kx+F_0\cos\omega t \tag{S9-5}$$

仍令 $\omega_0{}^2=\frac{k}{m}$，$2\delta=\frac{\gamma}{m}$，得

$$\frac{d^2x}{dt^2}+2\delta\frac{dx}{dt}+\omega_0{}^2x=\frac{F_0}{m}\cos\omega t \tag{S9-6}$$

微分方程理论证明，在阻尼较小时，上述方程的解为

$$x=A_0e^{-\delta t}\cos(\sqrt{\omega_0{}^2-\delta^2}t+\varphi_0)+A\cos(\omega t+\varphi) \tag{S9-7}$$

式中，第一项为暂态项，在经过一定时间之后这一项将消失；第二项是稳定项. 在振子振动一段时间达到稳定后，其振动式即为

$$x=A\cos(\omega t+\varphi) \tag{S9-8}$$

应该指出，上式虽然与自由简谐运动式(即在无驱动力和阻力下的振动)相同，但实质已有所不同. 首先，ω 并非是振子的固有角频率，而是驱动力的角频率；其次，A 和 φ 不取决于振子的初始状态，而依赖于振子的性质、阻尼的大小和驱动力的特征. 事实上，只要将式(S9-8)代入方程(S9-6)，就可计算出

$$A=\frac{F_0}{\omega\sqrt{\gamma^2+\left(\omega m-\frac{k}{\omega}\right)^2}}=\frac{F_0}{m\sqrt{(\omega_0{}^2-\omega^2)^2+4\delta^2\omega^2}} \tag{S9-9}$$

$$\tan\varphi=\frac{\gamma}{\omega m-\frac{k}{\omega}} \tag{S9-10}$$

其中，$\omega_0{}^2=\frac{k}{m}$，$\gamma=2\delta m$.

在稳态时，振动物体的速度为

$$v=\frac{dx}{dt}=v_{max}\cos\left(\omega t+\varphi+\frac{\pi}{2}\right) \tag{S9-11}$$

其中

$$v_{max}=\frac{F_0}{\sqrt{\gamma^2+\left(\omega m-\frac{k}{\omega}\right)^2}} \tag{S9-12}$$

四、共振

在驱动力幅值 F_0 固定的情况下，应有怎样的驱动角频率 ω 才可使振子发生强烈振动呢？这是个有实际意义的问题. 下面分别从振动速度和振动位移两方面进行简单分析.

(一) 速度共振

从相位上看，驱动力与振动速度之间有相位差 $\varphi+\frac{\pi}{2}$，一般地说，外力方向与物体运动方向并不相同，有时两者同向，有时两者反向. 当两者同向时，驱动力做正功，振子输入能量；当两者反向时，驱动力做负功，振子输出能量. 输入功率的大小可由 $F\cdot v$ 计算. 设想在振子固有频率、阻尼大小、驱动力幅值 F_0 均固定的情况下，仅改变驱动力的频率 ω，则不难得知，如果满足最大值 $\omega m-\frac{k}{\omega}=0$ 时，振子的速度幅值 v_{max} 就有最

大值.

由 $\omega m-\frac{k}{\omega}=0$ 可得,$\omega=\omega_0=\sqrt{\frac{k}{m}}$,$v_{\max}=\frac{F_0}{\gamma}=\frac{F_0}{2\delta m}$,这时 $\tan\varphi\to\infty$,$\varphi=-\frac{\pi}{2}$.

由此可见,当驱动力的频率等于振子的固有频率时,驱动力将与振子速度始终保持同相,于是驱动力在整个周期内对振子做正功,始终给振子提供能量,从而使振子速度能获得最大的幅值.这一现象被称为速度共振.速度幅值 $v_{\max}$ 随 ω 的变化曲线如图S9-2所示.

显然 γ 或 δ 值越小,$v_{\max}$-ω 关系曲线的极值越大.描述曲线陡峭程度的物理量一般用锐度表示,其值等于品质因素:

$$Q=\frac{\omega_0}{\omega_2-\omega_1}=\frac{f_0}{f_2-f_1} \tag{S9-13}$$

其中,f_0 为 ω_0 对应的频率,f_1,f_2 为 $v_{\max}$ 下降到最大值的0.707倍时对应的频率,也称为半功率点.

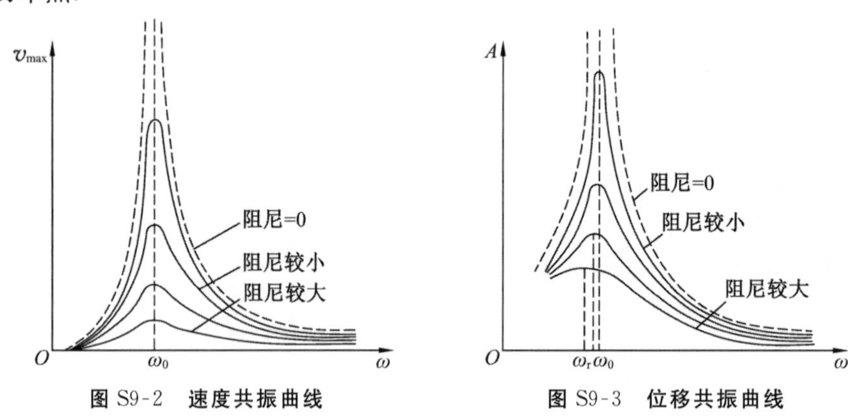

图S9-2 速度共振曲线　　图S9-3 位移共振曲线

(二) 位移共振

驱动力的频率 ω 为何值时才能使音叉臂的振幅 A 有最大值呢?对式(S9-9)求导并令其一阶导数为零,即可求得 A 的极大值及对应的 ω_r 值为

$$A_m=\frac{F_0}{2m\delta\sqrt{\omega_0^2-\delta^2}} \tag{S9-14}$$

$$\omega_r=\sqrt{\omega_0^2-2\delta^2} \tag{S9-15}$$

由此可知,在有阻尼的情况下,当驱动力的圆频率 $\omega=\omega_r$ 时,音叉臂的位移振幅 A 有最大值,称之为位移共振,这时的 $\omega<\omega_0$.位移共振的幅值 A 随 ω 的变化曲线如图S9-3所示.

由式(S9-14)可知,位移共振幅值的最大值与阻尼 δ 有关.阻尼越大,振幅的最大值越小;阻尼越小,振幅的最大值越大.在很多场合,由于阻尼 δ 很小,发生共振时位移共振幅值过大,从而引起系统的损坏,这是我们需要十分重视的问题.

比较图S9-2和图S9-3可知,速度共振曲线和位移共振曲线不完全相同.对于有阻尼的振动系统,当速度发生共振时,位移并没有达到共振.其原因在于,对于做受迫振动的振子在平衡点有最大幅值的速度时,其运动时受到的阻力也达到最大,此平衡点处势能不为零，于是在平衡点上的最大动能小于回转点上的势能，以致速度幅值的最大并不对应位移振幅的最大.这就是位移共振与速度共振并不发生在同一条件下的原因.显然，如果阻尼很小，两种共振的条件将趋于一致，这一点也可从图S9-3的位移共振曲线清楚地看出来.

五、音叉的振动周期与质量的关系

从式(S9-4) $T=\frac{2\pi}{\omega}=\frac{2\pi}{\sqrt{\omega_0^{\ 2}-\delta^2}}$ 可知，在阻尼 δ 较小、可忽略的情况下，有

$$T\approx\frac{2\pi}{\omega_0}=2\pi\sqrt{\frac{m}{k}} \tag{S9-16}$$

这样我们可以通过改变质量 m 来改变音叉的共振频率.我们在一个标准基频为256Hz的音叉的两臂上对称地等距开孔，可以知道这时的 T 变小，共振频率 f 变大；将两个质量相同的物块 m_X 对称地加在两臂上，这时的 T 变大，共振频率 f 变小.从式(S9-16)可知，这时

$$T^2=\frac{4\pi^2}{k}\cdot(m_0+m_X) \tag{S9-17}$$

式中，k 为振子的劲度系数，它与音叉的力学属性有关；m_0 为不加质量块时的音叉振子的等效质量；m_X 为每个振动臂增加的物块质量.

由式(S9-17)可见，音叉振动周期的平方与质量成正比.由此，可由测量音叉的振动周期来测量未知质量，并可制作测量质量和密度的传感器.

实验内容

1. 如图S9-4所示，将实验架上的驱动器连线接至实验仪的驱动信号的“输出”

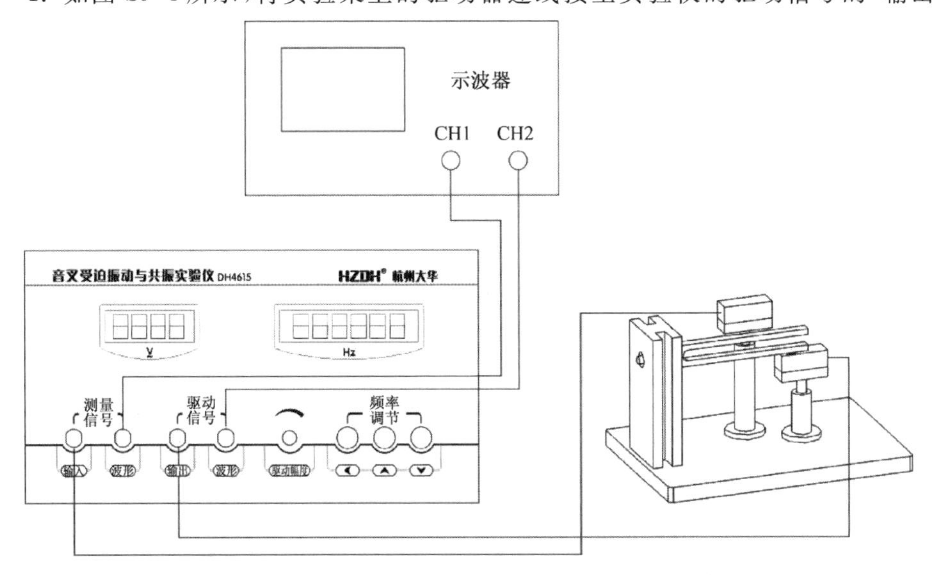

图S9-4　实验测量装置

端，实验架上的接收器接至实验仪的测量信号的“输入”端. 驱动波形和接收波形的输出可以连接到示波器上进行观测. 测量信号“输入”端内部与交流电压表相连. 连接好仪器后接通电源，使仪器预热 10 分钟.

2. 测定自由状态下音叉的共振频率 ω_0 和对应的电压值 $U_{\max}$.

将驱动信号的频率由低到高缓慢调节(参考值约为 260Hz)，仔细观察交流数字电压表的读数，当交流数字电压表的读数达最大值时，记录音叉共振时的频率和交流数字电压表的读数 $U_{\max}$.

3. 测量共振频率 f_0 两边的数据.

在驱动信号输出幅度不变的情况下，频率由低到高，测量交流数字电压表示值 U 与驱动信号的频率 f 之间的关系，注意在共振频率附近多测几个频率点.

4. 绘制 U-f 关系曲线. 求出两个半功率点 f_2 和 f_1，计算音叉的锐度(Q 值).

5. 将不同质量块(5g，10g，15g)分别加到音叉双臂指定的位置上，并用螺丝旋紧. 测出音叉双臂对称地加相同质量物块时相对应的共振频率，记录 m-f 关系数据.

6. 作 T^2-m 关系图，求出直线斜率 $\frac{4\pi^2}{k}$ 和在 m 轴上的截距 m_0(可借助 Excel 软件实现，并可求出相关系数 r)，m_0 就是音叉振子的等效质量.

7. 用另一对 10g 的物块作为未知质量的物块，测出音叉的共振频率，计算出未知质量的物块 m_X，与实际值相比较，计算误差.

8. 将阻尼块靠近音叉臂，对音叉臂施加阻尼，测量在增加阻尼的情况下音叉的共振频率和锐度(Q 值). 改变阻尼块的上下位置，测量音叉在不同阻尼时的曲线. 将这些曲线与音叉不受阻尼时的曲线相比较.

*9. 用示波器观测激振线圈的输入信号和接收线圈的输出信号，测量它们的相位关系.

驱动信号输出幅度：　　　　　　　　阻尼大小：

f/Hz								
U/V								

10. 在无阻尼状态下，将不同质量块(5g，10g，15g，20g，25g)分别加到音叉双臂指定的位置上，并用螺丝旋紧，测出音叉双臂对称地加相同质量的物块时相对应的共振频率，记录 m-f 关系数据.

m/g						
f/Hz						

注意事项

1. 实验中所测量的共振曲线是在策动力恒定的条件下进行的，因此实验中手动测量共振曲线或者计算机自动测量共振曲线时，都要保持信号发生器的输出幅度不变.

2. 加不同质量砝码时注意每次的位置一定要固定，因为位置的不同会引起共振频率的变化.

3. 驱动线圈和接收线圈距离音叉臂的位置要合适，距离近容易相碰，距离远信号变小. 测量共振曲线时，当驱动线圈和接收线圈的位置确定后不能再移动，否则会造成曲线失真.

思考题

1. 平移阻尼块的位置，可能会发生什么现象？
2. 在重复测量时，前后的实验结果可能不完全一致，可能的原因有哪些呢？

空气比热容比的测定

气体的定压比热容与定容比热容之比，被称为气体的比热容比，也被称为气体的绝热指数，它是一个重要的热力学常数，在热力学方程中经常用到. 本实验用新型扩散硅压力传感器测量空气的压强，用电流型集成温度传感器测量空气的温度变化，从而得到空气的绝热指数.

实验目的

1. 用绝热膨胀法测定空气的比热容比.
2. 观测热力学过程中状态变化及基本物理规律.
3. 了解压力传感器和电流型集成温度传感器的工作原理及使用方法.

仪器和用具

一、DH-NCD-Ⅱ型空气比热容比测定仪

本实验仪器由测试仪、扩散硅压力传感器、AD590 型电流集成温度传感器、充气阀、放气阀、充气球、玻璃储气瓶等组成，如图 S10-1 所示.

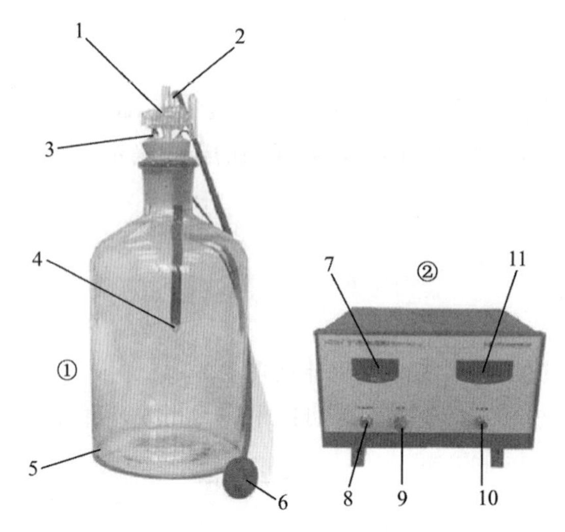

1—放气阀 A　2—充气阀 B　3—扩散硅压力传感器　4—AD590 型集成温度传感器
5—玻璃储气瓶　6—充气球　7—压强显示电压表　8—扩散硅压力传感器接口
9—调零电位器　10—温度传感器接口　11—温度显示电压表　① 储气瓶组件　② 测试仪

图 S10-1　DH-NCD-Ⅱ型空气比热容比测定仪

二、扩散硅压力传感器

扩散硅压力传感器是利用单晶硅的压阻效应制成的器件，也就是在单晶硅的基片上用扩散工艺(或离子注入及溅射工艺)制成一定形状的应变元件，当它受到压力作用时，应变元件的电阻发生变化，从而使输出电压变化. 本仪器将输出电压进行放大，与三位半 200mV 数字电压表相连，它显示的是容器内的气体压强大于容器外环境大气压的压强差值，灵敏度为 20mV/kPa，测量精度为 5Pa，测量范围为 0～10kPa. 设外界环境大气压为 p_0，容器内气体压强为 p，则

$$p=p_0+\frac{U}{2000} \tag{S10-1}$$

式中，电压 U 的单位为 mV，压强 p，p_0 的单位为 10^5 Pa.

三、AD590 型集成温度传感器

AD590 型集成温度传感器是一种新型的半导体温度传感器，测温范围为 -50℃～150℃，由于其精度高、价格低、不需辅助电源、线性好，常用于测温和热电偶的冷端补偿. 该传感器的工作电压为 4～30V，输出阻抗>10MΩ. 当加上电压后，这种传感器起恒流源的作用，其输出电流与传感器所处的温度成线性关系. 如用摄氏度 t 表示温度，则输出电流为

$$I=Kt+I_0 \tag{S10-2}$$

式中，$K=1\mu\text{A}/℃$；I 的标称值为 273.2μA，实际略有差异.

AD590 型集成温度传感器的测温原理图如图 S10-2 所示，在回路中串接一个适

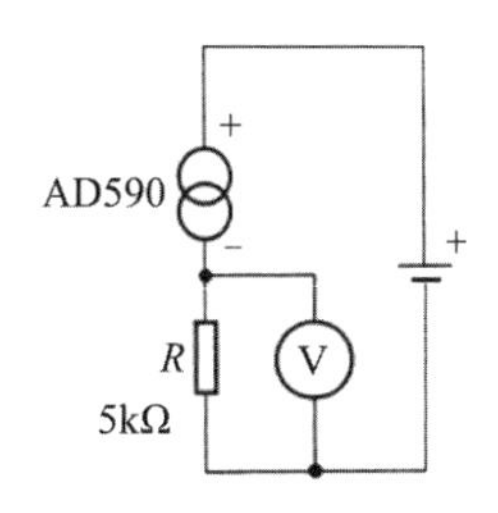

图 S10-2　AD590 型集成温度传感器测温原理图

当阻值的电阻 R，测量出电压 U，由公式 $I=\dfrac{U}{R}$ 计算出输出的电流，从而得出温度值.

仪器内部串接 $R=5\text{k}\Omega$、精度为 0.1% 的标准取样电阻，可产生 5mV/℃ 的电压信号，将此电压接 2V 量程四位半数字电压表(最小分辨率为 0.1mV)，则测温最小分辨率为 0.02℃.

实验原理

对 1mol 的理想气体，定压比热容 C_p 和定容比热容 C_V 之间关系如下：

$$C_p-C_V=R(R\text{ 为气体普适常数}) \tag{S10-3}$$

气体的比热容比 γ 为

$$\gamma=\frac{C_p}{C_V} \tag{S10-4}$$

气体的比热容比 γ 也称为气体的绝热系数，在热力学过程特别是绝热过程中是一个很重要的物理量.

如图 S10-3 所示，我们以储气瓶内空气(近似为理想气体)作为研究对象，设环境大气压强为 p_0，室温为 T_0，储气瓶体积为 V_2，进行如下实验过程：

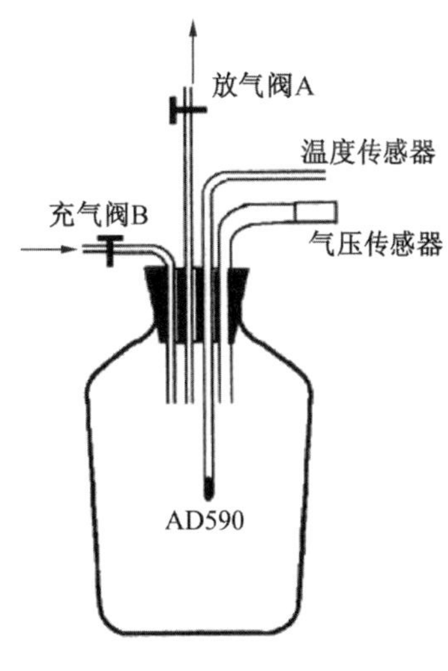

图 S10-3　实验仪器简图

(1) 首先打开放气阀 A，使储气瓶与大气相通，再关闭放气阀 A，则瓶内将充满与周围空气等温等压的气体.

(2) 打开充气阀 B，用充气球向瓶内打气，当充入一定量的气体后，关闭充气阀 B. 此时瓶内空气被压缩，压强增大，温度升高. 当内部气体温度稳定，且与周围环境温度相等时，定义此时的气体处于状态Ⅰ(p_1，V_1，T_0)(此时 $V_1>V_2$).

(3) 迅速打开放气阀 A，使瓶内气体与大气相通，当瓶内压强降至 p_0 时，立刻关闭放气阀 A，由于放气过程较快，瓶内气体来不及与外界进行热交换，可以近视认为这是一个绝热膨胀的过程. 此时，气体由状态Ⅰ(p_1，V_1，T_0)转变为状态Ⅱ(p_0，V_2，T_1).

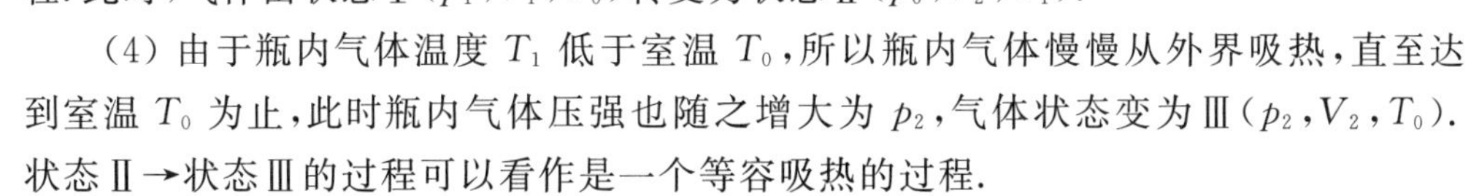

(4) 由于瓶内气体温度 T_1 低于室温 T_0，所以瓶内气体慢慢从外界吸热，直至达到室温 T_0 为止，此时瓶内气体压强也随之增大为 p_2，气体状态变为Ⅲ(p_2，V_2，T_0). 状态Ⅱ→状态Ⅲ的过程可以看作是一个等容吸热的过程.

气体状态Ⅰ→Ⅱ→Ⅲ的过程如图 S10-4 所示.

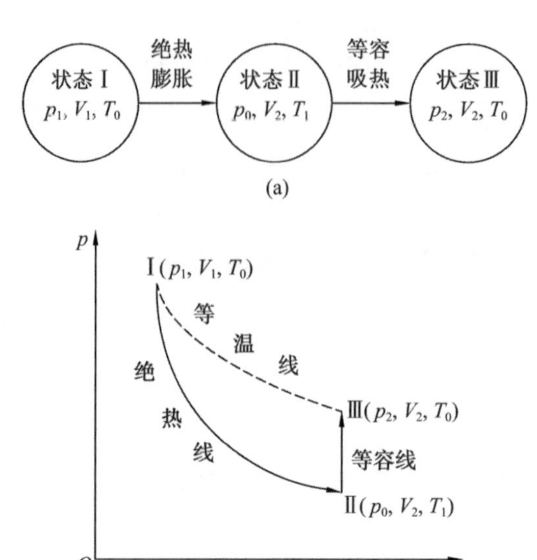

图 S10-4　气体状态过程变化

状态Ⅰ→状态Ⅱ是绝热过程，由绝热过程方程，有

$$p_1 V_1{}^{\gamma} = p_0 V_2{}^{\gamma} \tag{S10-5}$$

状态Ⅰ和状态Ⅲ的温度均为 T_0，由气体状态方程，有

$$p_1 V_1 = p_2 V_2 \tag{S10-6}$$

合并式(S10-3)、式(S10-4)，消去 V_1，V_2，得

$$\gamma = \frac{\ln p_1 - \ln p_0}{\ln p_1 - \ln p_2} = \frac{\ln\left(\frac{p_1}{p_0}\right)}{\ln\left(\frac{p_1}{p_2}\right)} \tag{S10-7}$$

由式(S10-7)可以看出，只要测得 p_0，p_1，p_2，就可求得空气的比热容比 γ.

实验内容

1. 按图 S10-1 将传感器(3,4)分别与传感器接口(8,10)连接，将电源机箱后面的开关拨向"内接"，即测温传感器取样标准电阻内接 5kΩ. 打开放气阀 A，使储气瓶内空气压强与外界环境空气压强相等. 开启电源，让测试仪预热 20 分钟，然后调节调零电位器，使测量空气压强的三位半数字电压表 U_p 显示为"000. 0"，并记录此时测量温度的四位半数字电压表 U_{T0}(mV)(也可以用实验室标准气压计测定环境大气压强 p_0，用水银温度计测量环境温度 T_0).

2. 关闭放气阀 A，打开充气阀 B，用充气球向瓶内注气，使压强显示电压表示值升高到 100～150mV. 然后关闭充气阀 B，观察 U_T 和 U_p 的变化. 经历一段时间后，当 U_T 和 U_p 指示值均不变时，记下此时的 U_{p_1} 和 U_{T_1}(单位为 mV)，此时瓶内气体近似为状态Ⅰ(p_1，T_1)(T_1 近似为 T_0，但往往略高于 T_0，因为稳态平衡时间很长).

3. 迅速打开放气阀 A，当瓶内空气压强降至环境大气压强 p_0 时（放气声结束），立刻关闭放气阀 A，这时瓶内气体温度降低，状态变为Ⅱ（p_0，V_2，T_1）.

4. 当瓶内空气的温度上升至温度 T_0 时，且压强稳定后，记下此时的 U_{p_2} 以及 U_{T_2}（单位为 mV），此时瓶内气体近似为状态Ⅲ（p_2，V_2，T_2）（T_2 近似为 T_0）.

5. 打开放气阀 A，使储气瓶与大气相通，以便于下一次测量.

6. 把测得的电压值 U_{p_1}，U_{T_1}，U_{p_2}，U_{T_2}（以 mV 为单位）填入表 S10-1，对应的气体压强按照 $p_1=p_0+\frac{U_{p_1}}{2000}$ 和 $p_2=p_0+\frac{U_{p_2}}{2000}$ 计算得出.

注意事项

1. 妥善放置储气玻璃瓶以及玻璃阀门，避免破损.

2. 实验前应检查系统是否漏气，方法是：关闭放气阀 A，打开充气阀 B，用充气球向瓶内打气，使瓶内压强升高一定压强，关闭充气阀 B，观察压强是否稳定，若压强始终下降，则说明系统有漏气之处.

3. 打开放气阀 A，当放气结束后要迅速关闭放气阀 A，提前或推迟关闭阀门都将引入较大误差. 一般放气时间约零点几秒，可以通过放气声音进行判断.

4. 请不要在阳光照射或者温度变化较快的环境中开展实验.

5. 充气或放气后，储气瓶中气体温度恢复至室温需要较长时间，且需保证此过程中环境温度不发生变化. 当储气瓶温度变化趋于停止时，此时温度已接近环境温度.

6. 扩散硅压力传感器参数存在差异，需与测试仪配套对应.

7. 注意充气球与充气阀之间的接口安全.

数据记录及处理

表 S10-1　实验数据记录表

$p_0/(\times10^5\,\mathrm{Pa})$	U_{p_1}	U_{T_1}	U_{p_2}	U_{T_2}	$p_1/(\times10^5\,\mathrm{Pa})$	$p_2/(\times10^5\,\mathrm{Pa})$	γ	$\bar{\gamma}$

1. 根据公式 $\gamma=\frac{\ln(p_1/p_0)}{\ln(p_1/p_2)}$，计算空气的比热容比 γ.

2. 重复实验内容 2～6，再进行两次测量，比较多次测量中气体的状态变化有何异同，并计算 $\bar{\gamma}$.

3. 根据表 S10-1 数据，求出测量值 $\bar{\gamma}$ 与理论值（$\gamma=1.402$）百分比误差 $\delta=\left(\frac{\gamma-\bar{\gamma}}{\gamma}\times100\%\right)$ 的值.

思考题

1. 怎样做才能在几次重复测量中保证 p_1 的数值大致相同？这样做有何好处？若 p_1 的数值不相同，对实验有无影响？

2. 如果放气活塞提前关闭或滞后关闭，各会给实验带来什么影响？

3. 本实验的误差来源于哪几个方面？最大误差是由哪个因素造成的？怎样减少误差？

交流电桥实验

交流电桥是一种比较式仪器，在电测技术中占有重要地位.它主要用于测量交流等效电阻及其时间常数、电容及其介质损耗、自感及其线圈品质因数、互感等电参数，也可用于非电学量变换为相应电学量参数的精密测量.

常用的交流电桥分为阻抗比电桥和变压器电桥两大类.习惯上一般称阻抗比电桥为交流电桥.本实验中交流电桥指的是阻抗比电桥.交流电桥线路虽然和直流单臂电桥线路具有同样的结构形式，但因为它的四个臂是阻抗，所以它的平衡条件、线路的组成以及实现平衡的调整过程都比直流电桥复杂.

实验目的

1. 学习用交流电桥测电容和电感的方法.
2. 掌握交流电桥的特点和平衡的调节方法.

仪器和用具

QS18A 型万能电桥、待测电容、待测电感.

实验原理

一、交流桥路及其平衡条件

图 S11-1 是交流电桥的原理线路.它与直流单臂电桥原理相似.在交流桥路中，用交流电源和交流平衡指示器

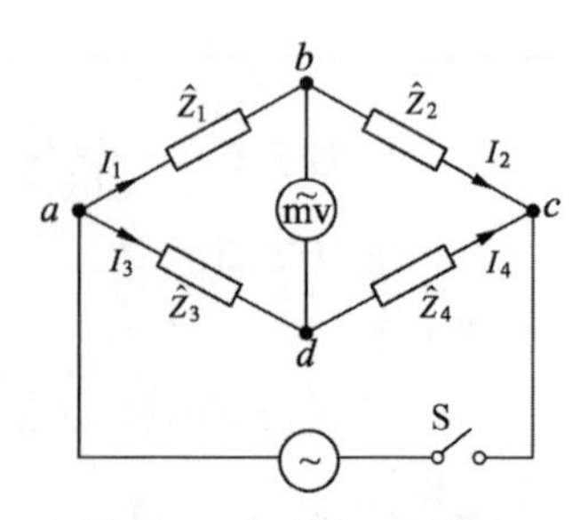

图 S11-1　交流电桥原理

(如谐振式检流计、耳机、交流毫伏表、示波器)分别代替惠斯通电桥中的直流电源和检流计.在交流电桥中,四个桥臂一般是由交流电路元件如电阻、电感、电容组成的.如图S11-1所示,$\hat{Z}_1$,$\hat{Z}_2$,$\hat{Z}_3$,$\hat{Z}_4$ 分别为四个桥臂的复阻抗.

在 a,c 两端直接加入交流信号源,b,d 两段之间接入交流平衡指示器.调节电桥各臂阻抗,当电桥达到平衡时,b,d 两点的电势相等,这时有

$$U_{ab}=U_{ad} \tag{S11-1}$$

$$U_{cb}=U_{cd} \tag{S11-2}$$

即

$$\hat{I}_1\hat{Z}_1=\hat{I}_3\hat{Z}_3 \tag{S11-3}$$

$$\hat{I}_2\hat{Z}_2=\hat{I}_4\hat{Z}_4 \tag{S11-4}$$

又因为

$$\hat{I}_1=\hat{I}_2,\hat{I}_3=\hat{I}_4 \tag{S11-5}$$

由以上公式,可得

$$\hat{Z}_1\hat{Z}_4=\hat{Z}_2\hat{Z}_3 \tag{S11-6}$$

式中,$\hat{I}_1$,$\hat{I}_2$,$\hat{I}_3$,$\hat{I}_4$ 均为复数电流,式(S11-6)称为交流电桥的平衡条件.如果式(S11-6)中的复阻抗用复数形式 $\hat{Z}_i=Z_i e^{j\varphi_i}$ 表示,其中 Z_i 和 φ_i 分别为复阻抗的模和幅角,则式(S11-6)相当于两个等式,即为两个平衡条件:

$$\begin{cases} Z_1Z_4=Z_2Z_3 \\ \varphi_1+\varphi_4=\varphi_2+\varphi_3 \end{cases} \tag{S11-7}$$

由式(S11-7)可见,交流电桥平衡时,除了阻抗大小成比例外,还必须满足相角条件,这是它和直流电桥的不同之处.

由式(S11-7)可以得出如下两个重要结论:

(1) 交流电桥必须按照一定的方式配置桥臂阻抗.

如果用任意不同性质的四个阻抗组成一个电桥,不一定能够调节电桥平衡,因此必须把电桥各元件的性质按电桥的两个平衡条件做适当配合.在很多交流电桥中,为了使电桥结构简单和调节方便,通常将交流电桥中的两个桥臂设计为纯电阻.

由式(S11-7)的平衡条件可知:如果相邻两臂接入纯电阻,则另外相邻两臂也必须接入相同性质的阻抗.例如,若被测对象 Z_x 在第一桥臂中,两相邻臂 Z_2 和 Z_4 为纯电阻的话,即 $\varphi_2=\varphi_4=0$,那么由式(S11-7)可知,$\varphi_3=\varphi_x$.若被测对象 Z_x 是电容,则它相邻桥臂 Z_3 也必须是电容;若 Z_x 是电感,则 Z_3 也必须是电感.

如果相对桥臂接入纯电阻,则另外的相对两桥臂必须为异性阻抗.例如,相对桥臂 Z_2 和 Z_3 为纯电阻的话,即 $\varphi_2=\varphi_3=0$,那么由式(S11-7)可知,$\varphi_4=-\varphi_x$.若被测对象 Z_x 为电容,则它的相对桥臂 Z_4 必须是电感;若 Z_x 是电感,则 Z_4 必须是电容.

(2) 要使交流电桥平衡,必须反复调节两个桥臂的参数.

在交流电桥中，为了满足上述两个条件，必须调节两个桥臂的参数，才能使电桥完全达到平衡，而且往往需要对这两个参数进行反复的调节，所以交流电桥的平衡调节要比直流电桥的平衡调节困难一些.

二、测量理想电容的桥路

如图 S11-2 所示，设待测电容 C_x 及标准电容 C_0 均为理想电容，考察其平衡条件.

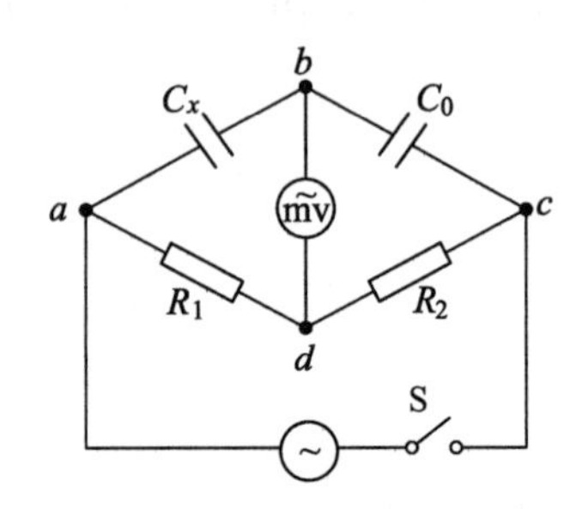

图 S11-2　测量理想电容的桥路

因为 $\varphi_3=\varphi_4=0$，$\varphi_1=\varphi_2=-\frac{\pi}{2}$，所以这样布置的电桥能满足式(S11-7)中的相角条件. 又 $Z_3=R_1$，$Z_4=R_2$，$Z_1=\frac{1}{\omega C_x}$，$Z_2=\frac{1}{\omega C_0}$，其中 ω 为电源的圆频率，代入式(S11-7)的模条件，得

$$C_x=C_0\frac{R_2}{R_1} \tag{S11-8}$$

若 C_0，R_1，R_2 已知，C_x 即可求出. 与此类似，可以设计测量理想电感的桥路.

三、测量实际电容、实际电感的桥路

由于实际电容器的介质并不是理想介质，在电路中要消耗一定的能量，所以实际电容器在电路中可看作是由一个理想电容 C_x 和一损耗电阻 r_x 构成的，在本实验中可看作是二者串联，如图 S11-3(a)所示. 为了满足相角条件，测量电路相应改成图 S11-3(b)，此时：

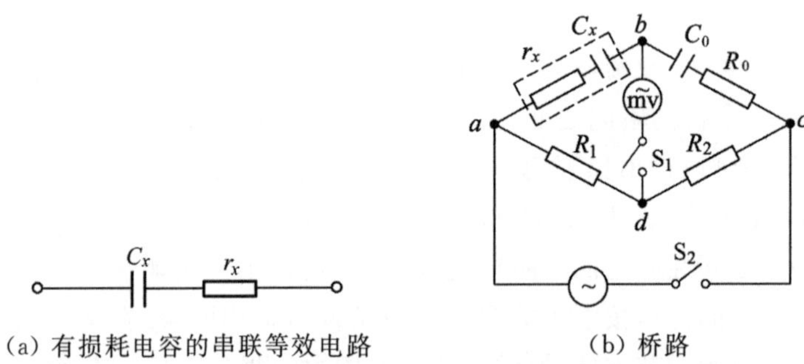

(a) 有损耗电容的串联等效电路　　(b) 桥路

图 S11-3　测量实际电容的桥路

$$\hat{Z}_3=R_1,\ \hat{Z}_4=R_2$$

$$\hat{Z}_1=r_x-\mathrm{j}\frac{1}{\omega C_x},\ \hat{Z}_2=R_0-\mathrm{j}\frac{1}{\omega C_0}$$

代入式(S11-7)，得

$$R_1\left(R_0-\mathrm{j}\frac{1}{\omega C_0}\right)=R_2\left(r_x-\mathrm{j}\frac{1}{\omega C_x}\right) \tag{S11-9}$$

令上式两边的实部与虚部分别相等，求得平衡条件分别为

$$r_x=\frac{R_1}{R_2}R_0,\ C_x=C_0\ \frac{R_2}{R_1} \tag{S11-10}$$

实际电容可看作是纯电容 C_x 和损耗电阻 r_x 的串联，它们作为一个阻抗元件，其实部与虚部之比即为该阻抗相角 δ 的正切 $\tan\delta$，$\tan\delta$ 被称为耗损因素，用符号 D 表示，又被称为该阻抗元件的损耗角：

$$D=\tan\delta=\frac{r_x}{\dfrac{1}{\omega C_x}}=\omega C_x r_x=\omega C_0 R_0 \tag{S11-11}$$

因此，根据平衡时的 C_0，R_0，R_1，R_2 可求得待测电容 C_x 及其损耗电阻 r_x. 同样地，实际电感也可看作是由理想电感 L_x 和一损耗电阻 r_L 构成的，如图 S11-4(a)所示. 测量实际电感有多种方法，在本实验中，我们利用的是已知电容来测定电感的电桥. 该电桥叫作麦克斯韦-维恩电桥，如图 S11-4(b)所示. 电桥平衡方程为

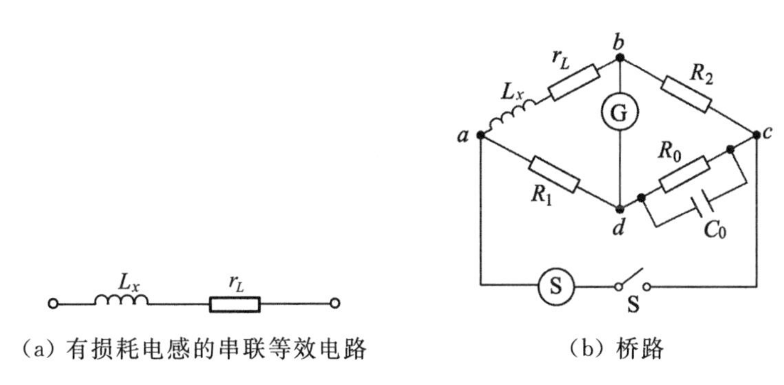

(a) 有损耗电感的串联等效电路　　(b) 桥路

图 S11-4　测量实际电感的桥路

$$r_L+\mathrm{j}\omega L_x=\left(\frac{1}{R_0}+\mathrm{j}\omega C_0\right)R_1R_2 \tag{S11-12}$$

令虚部和实部分别相等，有

$$L_x=C_0R_1R_2,\ r_L=\frac{R_1R_2}{R_0} \tag{S11-13}$$

现定义线圈的品质因数 Q 为

$$Q=\frac{\omega L}{r_L} \tag{S11-14}$$

Q 值大小表示电感线圈的好坏. 本实验中所测的 Q 的表达式为

$$Q=\frac{\omega L_x}{r_L}=\omega C_0 R_0 \tag{S11-15}$$

因此，根据平衡时的 C_0，R_0，R_1，R_2，可求得待测电感 L_x 及其损耗电阻 r_L.

实验内容

一、电容的测量

1. 估计一下被测电容的大小，然后旋转“量程”开关，将之放在合适的量程上. 例

如，被测电容为500pF左右的电容，则“量程”开关应放在1000pF的位置上.

2. 旋转“测量选择”旋钮，将之放在“C”位置，“损耗倍率”开关放在“$D\times0.01$”（一般电容器）或“$D\times1$”（大电解电容）的位置上，“损耗平衡”盘放在“1”左右的位置，“损耗微调”按逆时针旋到底.

3. 调节“灵敏度调节”旋钮，增大灵敏度，使电表指针偏转略小于满刻度即可.

4. 首先调节电桥的“读数”盘，然后调节“损耗平衡”盘，并观察电表的动向，使电表指零，然后调节“灵敏度调节”旋钮，增大灵敏度，使指针偏转小于满刻度，反复调节电桥“读数”盘和“损耗平衡”盘（注意：两者一定要配合调节），直至灵敏度达到足够满足测量精度的要求，电表指针仍指零或接近于指零，此时电桥便达到最后平衡. 若电桥的“读数”盘第一位指在0.5，第二刻度盘值为0.038，则被测电容为$1000\times0.538\text{pF}=538\text{pF}$. 即

被测量量C_x=“量程”开关指示值×电桥的“读数值”

“损耗平衡”盘指示在“1.2”，而“损耗倍率”开关在“$D\times0.01$”，则此电容的损耗值为$0.01\times1.2=0.012$. 即

被测量量D_x=“损耗倍率”开关指示值×“损耗平衡”指示值

5. 把所测数据记录在表S11-1中，并由实验结果验证电容的串联公式.

注： 如果“损耗倍率”开关放在“Q”位置，电桥平衡时则按$D=\frac{1}{Q}$计算.

二、电感的测量

1. 估计一下被测电感的大小，然后旋转“量程”开关，将之放在合适的量程上. 例如，被测电感为100mH左右的电感，则“量程”开关应放在100mH的位置上.

2. 旋转“测量选择”旋钮，将之放在“L”位置，“损耗倍率”开关放在“$Q\times1$”（对空芯线圈而言）的位置上，“损耗平衡”盘放在“1”左右的位置，“损耗微调”旋钮逆时针旋到底.

3. 调节“灵敏度调节”旋钮，增大灵敏度，使电表指针偏转略小于满刻度即可.

4. 首先调节电桥的“读数”盘，将之放在0.9或1.0的位置，再调节“读数”滑线盘，然后调节“损耗平衡”盘，并观察电表的动向，使电表偏转最小，再将灵敏度增大，使指针偏转小于满刻度，反复调节电桥“读数”盘和“损耗平衡”盘，直至灵敏度达到足够满足测量精度的要求，电表指针仍指零或接近于指零，此时电桥便达到最后平衡. 若电桥的“读数”盘最后一位指示为9，第二位刻度盘值为0.098，则被测电感为$100\text{mH}\times(0.9+0.098)=99.8\text{mH}$. 即

被测量量L_x=“量程”开关指示值×电桥的“读数”盘值.

“损耗平衡”盘指示在“2.5”，而“损耗倍率”开关在“$Q\times1$”，则此电感的Q值为$1\times2.5=2.5$. 即

被测量量Q_x=“损耗倍率”开关指示值×“损耗平衡”指示值

注： 如果“损耗倍率”放在D位置，电桥平衡时则按$Q=\frac{1}{D}$计算.

数据记录及处理

表 S11-1 测电感、电容的数据表格

测量项目	C_{1x} /μF	C_{2x} /μF	C_{1x}和C_{2x}串联 /μF	C_{1x}和C_{2x}并联 /μF	电感 L_x /mH
大小读数值					
损耗读数值					

理论计算：

C_{1x}和C_{2x}串联的理论值：$C_{x串}=\frac{C_{1x}\times C_{2x}}{C_{1x}+C_{2x}}=$__________ μF.

C_{1x}和C_{2x}并联的理论值：$C_{x并}=C_{1x}+C_{2x}=$_________ μF.

将测量值与理论值相比较，并计算误差.

思考题

1. 为什么电容器的损耗角 δ 越大，它的质量越差？

2. 交流电桥在平衡原理、所用仪器以及调节方法等方面与直流电桥有何异同？

3. 使用交流电桥测量电感时，只有可调电容箱，没有可调电阻箱，试画出测量电桥原理图，并推导电桥平衡条件.

4. 若将交流电桥的电源和指零仪互换位置，是否仍然能够调到平衡？

附录

本实验所用的仪器 QS18A 型万能电桥是一种便携式音频交流电桥，仪器如图 S11-5 所示.

1. “被测”端钮. 此端钮是用来连接所需测量的元件，被测元件最好直接接在此端钮上. 被测端钮“1”表示高电位，“2”表示低电位，在实际使用中若需要考虑高低电位时，可按此标记来连接（一般情况下不必考虑）.

2. “外接”插孔. 此插孔的用途有：在测量有极性的电容和铁芯电感时，如需要外部叠加直流偏置时，可通过此插孔连接于桥体；当使用外部的音频振荡器信号时，可通过“外接”导线连到此插孔，施加到桥体（此时应把波动开关拨向“外”的位置）.

3. “波动”开关. 此开关作用有：置于“内”时，使用机内 1kHz 交流电源；置于“外”时，使用外加音频信号作为电源（此时内部 1kHz 振荡器即停止工作，RC 双 T 网络断开，放大器处于 60～10kHz 的宽带状态）.

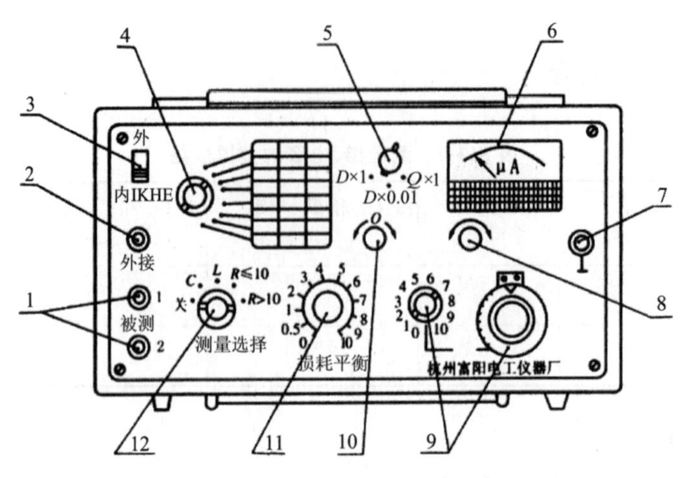

图 S11-5 QS18A 型万能电桥

4. “量程”开关. 此开关是选择测量范围用，上面各挡的标示值是指电桥读数在满刻度时的最大值.

5. “损耗倍率”开关. 此开关是用来扩展损耗平衡的读数范围，一般情况下测量空芯电感线圈时，此开关放在“$Q\times1$”位置，测量一般电容器（小损耗）时放在“$D\times0.01$”位置，测量损耗值较大的电容器时放在“$D\times1$”位置.

6. 指示电表. 它是用来作为电桥的平衡指示器. 操作有关的旋钮，使电表指针偏转接近于零，电桥即达到平衡.

7. “接地”端钮. 此端钮与本电桥的机壳相连.

8. “灵敏度调节”旋钮. 用来控制电桥放大器的放大倍数，在初调时，应降低灵敏度，使电表指示小于满刻度；在调节电桥平衡时，可逐步增大灵敏度，以提高测量精度.

9. “读数”盘. 测量时应调节两只“读数”盘使电桥平衡，第一位“读数”盘的步级是0.1，也就是量程旋钮指示值的1/10，第二位和第三位读数由连续可变电位器获得.

10. “损耗微调”旋钮. 用于细调平衡时的损耗.

11. “损耗平衡”盘. 被测元件的损耗读数（指电容、电感）由此旋钮指示，此读数盘上的指示值再乘以“损耗倍率”开关指示值，即为被测元件的损耗值.

12. “测量选择”旋钮. 本电桥对电容、电感、电阻元件均能测量，由此开关转换电桥线路. 测量电容时应放在“C”处，测量10Ω以上的电感时应放在“L”处，测量10Ω以下的电阻时应放在“$R\leqslant10$”处，测量10Ω以上的电阻时应放在“$R>10$”处. 测量完毕后切记把此旋钮放在“关”处，以免缩短机内干电池的寿命.

霍尔效应法测量螺线管的磁场

霍尔效应是导电材料中的电流与磁场相互作用而产生电动势的效应. 1879 年,美国霍普金斯大学研究生霍尔在研究金属导电机理时发现了这种电磁现象,故称霍尔效应. 后来曾有人利用霍尔效应制成测量磁场的磁传感器,但因金属的霍尔效应太弱而未能得到实际应用. 随着半导体材料和制造工艺的发展,人们又利用半导体材料制成霍尔元件,由于它的霍尔效应显著,因而得到了应用和发展,现在广泛用于非电学量的测量、电动控制、电磁测量和计算装置方面. 电流体中的霍尔效应也是目前研究的"磁流体发电"的理论基础. 近年来,霍尔效应实验不断有新发现. 1980 年,原西德物理学家冯·克利青研究二维电子气系统的输运特性,在低温和强磁场下发现了量子霍尔效应,这是凝聚态物理领域最重要的发现之一. 目前科学家们正在对量子霍尔效应进行深入研究,并取得了重要应用. 例如,用于确定电阻的自然基准,可以极为精确地测量光谱精细结构常数等.

在磁场、磁路等磁现象的研究和应用中,霍尔效应及其元件是不可缺少的,利用它观测磁场直观、干扰小、灵敏度高、效果明显.

实验目的

1. 了解螺线管磁场的产生原理.

2. 学习霍尔元件用于测量磁场的基本知识.

3. 学习用"对称测量法"消除副效应的影响,测量霍尔片的 V_H-I_S(霍尔电压与工作电流的关系)曲线和 V_H-L(螺线管磁场分布)曲线.

仪器和用具

DH4512 型霍尔效应实验仪.

实验原理

霍尔效应从本质上讲,是运动的带电粒子在磁场中受洛仑兹力的作用而引起的偏转. 当带电粒子(电子或空穴)被约束在固体材料中,这种偏转就导致在垂直电流和磁场的方向上产生正负电荷在不同侧的聚积,从而形成附加的横向电场. 如图 S12-1 所示，磁场 $\boldsymbol{B}$ 位于 Z 轴的正向，与之垂直的半导体薄片上沿 x 轴正向通以电流 I_S（称为工作电流），假设载流子为电子（N 型半导体材料），它沿着与电流 I_S 相反的 x 轴负向运动.

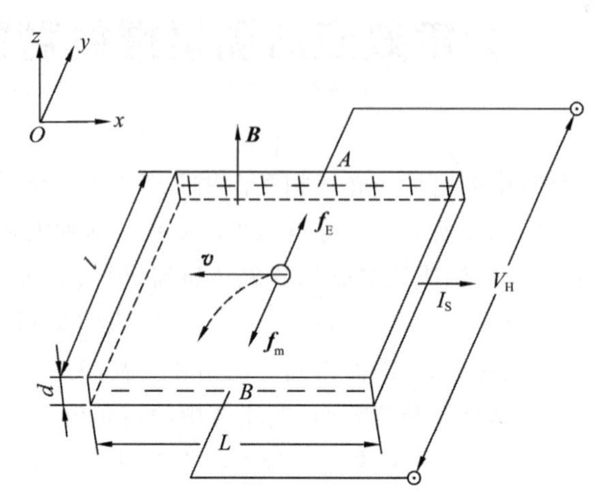

图 S12-1　霍尔效应原理示意图

由于洛仑兹力 $\boldsymbol{f}_m$ 作用，电子即向图中虚线箭头所指的位于 y 轴负方向的 B 侧偏转，并使 B 侧有电子积累，而相对的 A 侧有正电荷积累. 与此同时，运动的电子还受到由于两种积累的异种电荷形成的反向电场力 $\boldsymbol{f}_E$ 的作用. 随着电荷积累的增加，$\boldsymbol{f}_E$ 增大，当两力大小相等（方向相反）时，$\boldsymbol{f}_m=-\boldsymbol{f}_E$，则电子积累便达到动态平衡. 这时在 A，B 两端面之间建立的电场称为霍尔电场 E_H，相应的电势差称为霍尔电势 V_H.

设电子按均一速率 $\bar{v}$ 向图示的 x 轴负方向运动，在磁场 $\boldsymbol{B}$ 作用下，所受洛仑兹力大小为

$$f_m=e\bar{v}B$$

式中，e 为电子的电荷量，$\bar{v}$ 为电子的平均漂移速率，B 为磁感应强度. 同时，电场作用于电子的力为

$$f_E=eE_H=\frac{eV_H}{l}$$

式中，E_H 为霍尔电场强度，V_H 为霍尔电势，l 为霍尔元件宽度.

当电子达到动态平衡时，有

$$f_m=f_E,\ \bar{v}B=\frac{V_H}{l} \tag{S12-1}$$

设霍尔元件宽度为 l、厚度为 d，载流子浓度为 n，则霍尔元件的工作电流为

$$I_S=ne\bar{v}ld \tag{S12-2}$$

由式(S12-1)和式(S12-2)，可得

$$V_H=E_Hl=\frac{1}{ne}\frac{I_SB}{d}=R_H\ \frac{I_SB}{d} \tag{S12-3}$$

即霍尔电压 V_H（A，B 间电压）与 I_S，B 的乘积成正比，与霍尔元件的厚度成反比，比例

系数 $R_H=\frac{1}{ne}$ 称为霍尔系数(严格来说,对于半导体材料,在弱磁场下应引入一个修正因子 $A=\frac{3\pi}{8}$,从而有 $R_H=\frac{3\pi}{8}\frac{1}{ne}$),它是反映材料霍尔效应强弱的重要参数. 根据材料的电导率 $\sigma=ne\mu$ 的关系,还可以得到

$$R_H=\frac{\mu}{\sigma}=\mu p \quad 或 \quad \mu=R_H\sigma \tag{S12-4}$$

式中,μ 为载流子的迁移率,即单位电场下载流子的运动速度,一般电子的迁移率大于空穴的迁移率,因此,制作霍尔元件时大多采用 N 型半导体材料.

当霍尔元件的材料和厚度确定时,设

$$K_H=\frac{R_H}{d}=\frac{1}{ned} \tag{S12-5}$$

将式(S12-5)代入式(S12-3)中,得

$$V_H=K_H I_S B \tag{S12-6}$$

式中,K_H 称为元件的灵敏度,它表示霍尔元件在单位磁感应强度和单位控制电流下的霍尔电势大小,其单位是 mV/(mA · T),一般要求 K_H 愈大愈好. 由于金属的电子浓度(n)很高,所以它的 R_H 或 K_H 都不大,因此金属不适宜做霍尔元件. 此外,元件厚度 d 愈薄,K_H 愈高,所以制作霍尔元件时,往往采用减少 d 的办法来增加灵敏度,但不能认为 d 愈薄愈好,因为此时元件的输入和输出电阻将会增加. 本实验采用的霍尔片的厚度 d 为 0.6μm,宽度 l 为 60μm,长度 L 为 100μm.

应当注意:当磁感应强度 $\boldsymbol{B}$ 和元件平面法线 $\boldsymbol{n}$ 成一角度时(图 S12-2),作用在元件上的有效磁场是其法线方向上的分量 $B\cos\theta$,此时有

$$V_H=K_H I_S B\cos\theta$$

所以一般在使用时应调整元件两平面方位,使 V_H 达到最大,即 $\theta=0$,这时有

$$V_H=K_H I_S B\cos\theta=K_H I_S B \tag{S12-7}$$

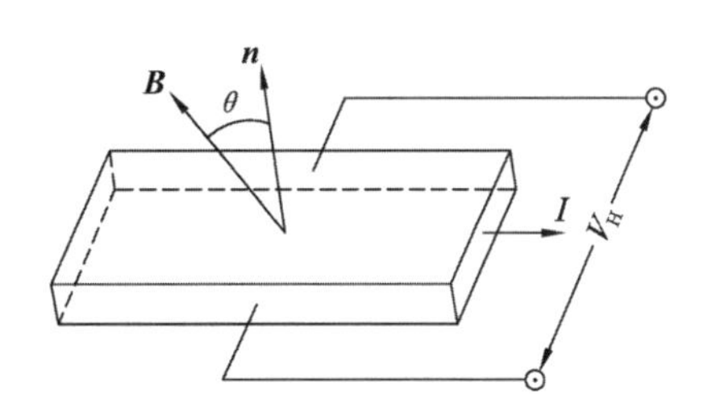

图 S12-2 磁感应强度与平面法线成一角度

由式(S12-7)可知,当工作电流 I_S 或磁感应强度 B 两者之一改变方向时,霍尔电势 V_H 方向随之改变;若两者方向同时改变,则霍尔电势 V_H 极性不变.

利用霍尔元件测量磁场的基本电路如图 S12-3 所示,将霍尔元件置于待测磁场的相应位置,并使元件平面与磁感应强度 $\boldsymbol{B}$ 垂直,在其控制端输入恒定的工作电流 I_S,霍尔元件的霍尔电势输出端接毫伏表,用于测量霍尔电势 V_H 的值.

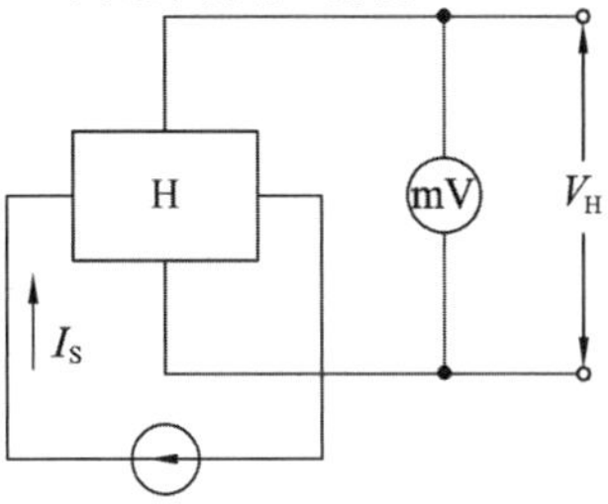

图 S12-3 霍尔元件测量磁场的基本电路

根据毕奥-萨伐尔定律,对于长度为 $2L$、匝数为 N_1、半径为 R 的螺线管,离中心点 x 处的磁感应强度为

$$B=\frac{\mu_0 nI}{2}\left\{\frac{x+L}{[R^2+(x+L)^2]^{1/2}}-\frac{x-L}{[R^2+(x-L)^2]^{1/2}}\right\} \tag{S12-8}$$

其中，$\mu_0=4\pi\times10^{-7}\text{N/A}^2$，为真空磁导率；$n=\frac{N_1}{2L}$，为单位长度的匝数，本实验螺线管的 $N_1=1800$ 匝.

对于“无限长”螺线管，$L\gg R$，所以

$$B=\mu_0 nI$$

对于“半无限长”螺线管，在端点处有 $x=L$，且 $L\gg R$，所以

$$B=\frac{\mu_0 nI}{2}$$

实验内容

按附录的图 S12-7，连接好实验仪与测试仪之间的三组连线及一根控制线，确定 I_S 及 I_M 换向开关指示灯向下亮，表明 I_S 及 I_M 均为正值(当转换开关指示灯向上亮时表明 I_S 及 I_M 为负值).

为了测量准确，应先对测试仪的 20mV 电压表进行调零.

调零时，用一根连接线将电压表的输入端短路，然后调节接线孔右边的调零电位器，使电压表显示值为 0.00mV. 若经过一段时间后由于温度漂移的影响而使显示不为零，再按上述步骤重新调零.

一、霍尔电压 V_H 与工作电流 I_S 关系的测量

霍尔电压不但与磁感应强度成正比，而且与流过霍尔元件的电流成正比. 为了得到较好的测量效果，在进行螺线管磁场分布测量前，应选取合适的工作电流. 保持 I_M 值不变(取 $I_M=0.5\text{A}$)，测绘 V_H-I_S 曲线(反复三次)，记入表 S12-1 中. 设 $I_M=0.5\text{A}$，I_S 取值范围为 1.00～3.00mA.

二、螺线管磁场的测量

选定霍尔片工作电流 3mA，螺线管线圈上施加 0.5A 电流，测量从螺线管中心位置到螺线管外 20mm 之间的磁场分布，将数据记入表 S12-2 中，利用公式 $B=\frac{V_H}{K_H I_S}$，计算出 B.

数据记录及处理

1. 测绘 V_H-I_S 曲线.

表 S12-1　V_H 与 I_S 的测量数据

I_S/mA	1.00	2.00	3.00
V_1/mV			
V_2/mV			
V_3/mV			

2. 测绘 V_H-L 曲线.

表 S12-2　V_H-L 的测量数据

$I_M=0.5\text{A}$，$I_S=3.00\text{mA}$，$K_H=$________（见面板）

L/cm	2.00	3.00	…	20.00
V_H/mV				
B/mT				

思考题

1. 列出计算螺线管磁感应强度的公式.

2. 若存在一个干扰磁场，如何采用合理的测试方法，尽量减小干扰磁场对测量结果的影响？

附录

DH4512 型霍尔效应实验仪使用说明

一、概述

DH4512 型霍尔效应实验仪用于研究霍尔效应产生的原理及其测量方法，通过施加的磁场，可以测出霍尔电压并计算它的灵敏度，通过得到的灵敏度，可以计算线圈附近各点的磁场.

二、仪器构成

DH4512 型霍尔效应实验仪由实验架和测试仪两部分组成. 图 S12-4 为霍尔效应实验仪（双线圈实验架）平面图，图 S12-5 为螺线管磁场测定仪（螺线管实验架）平面图，图 S12-6 为 DH4512 型霍尔效应测试仪面板图.

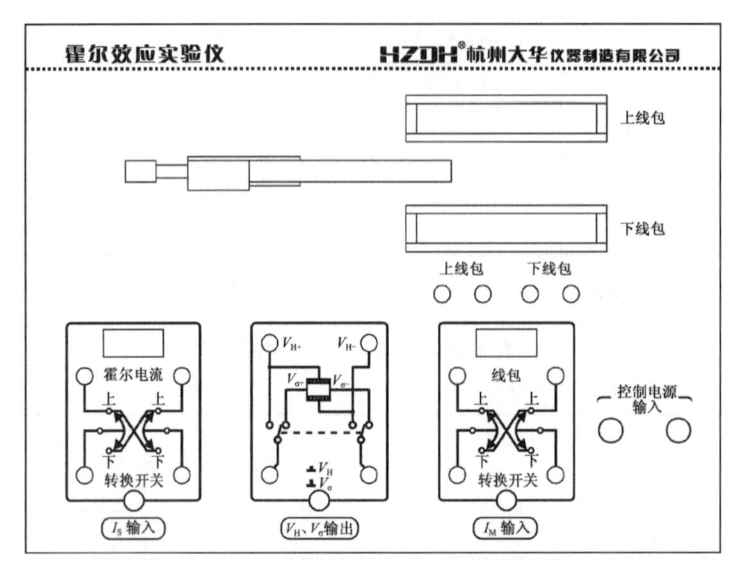

图 S12-4 霍尔效应实验仪(双线圈实验架)平面图

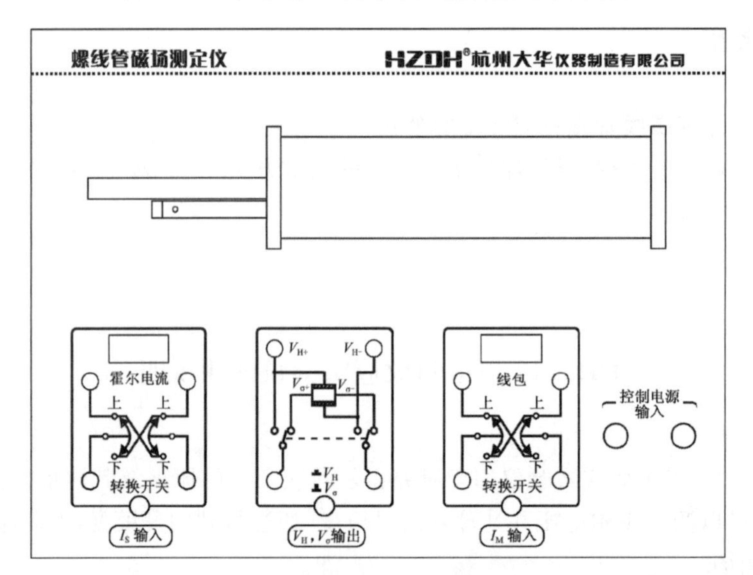

图 S12-5 螺线管磁场测定仪(螺线管实验架)平面图

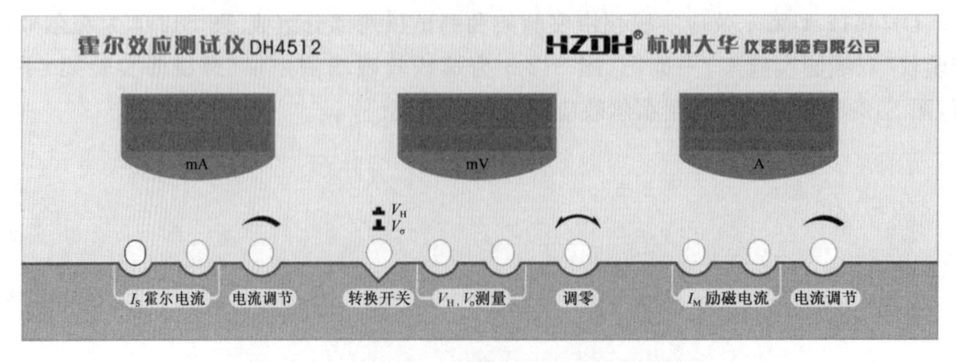

图 S12-6 DH4512 型霍尔效应测试仪面板图

三、主要技术性能

1. 环境适应性：工作温度10℃～35℃，相对湿度25%～75%.

2. 霍尔效应实验仪：双线圈实验架(DH4512、DH4512A).

两个励磁线圈：线圈匝数为1400匝(单个)，有效直径为72mm，两个线圈中心间距为52mm.

表S12-3为电流与磁感应强度对应表(双线圈通电)：

表S12-3　电流与磁感应强度对应表

电流值/A	0.1	0.2	0.3	0.4	0.5
中心磁感应强度/mT	2.25	4.50	6.75	9.00	11.25

移动尺装置：横向移动距离为70mm，纵向移动距离为25mm.

霍尔效应片类型：N型砷化镓半导体.

霍尔片尺寸：厚度d为0.2mm，宽度l为1.5mm，长度L为1.5mm.

3. 螺线管磁场测定仪实验架(DH4512A、DH4512B)：线圈匝数为1800匝，有效长度为181mm，等效半径为21mm.

移动尺装置：横向移动距离为235mm.

霍尔效应片类型：N型砷化镓半导体.

4. DH4512型霍尔效应测试仪主要由0～0.5A恒流源、0～3mA恒流源及20mV/2000mV量程三位半电压表组成.

(1) 霍尔工作电流用恒流源I_S：工作电压为8V，最大输出电流为3mA，3位半数字显示，输出电流准确度为0.5%.

(2) 磁场励磁电流用恒流源I_M：工作电压为24V，最大输出电流为0.5A，3位半数字显示，输出电流准确度为0.5%.

(3) 霍尔电压不等电位电势测量用直流电压表：20mV量程，3位半LED显示，分辨率为10μV，测量准确度为0.5%.

(4) 不等电位电势测量用直流电压表：2000mV量程，3位半LED显示，分辨率为1mV，测量准确度为0.5%.

5. 电源：AC 220V±10%，功耗为50V·A.

6. 外形尺寸：测试架为320mm×270mm×250mm，测试仪为320mm×300mm×120mm.

四、使用说明

1. 测试仪的供电电源为交流220V　50Hz，电源进线为单相三线.

2. 电源插座安装在机箱背面，保险丝的容量为1A，置于电源插座内，电源开关在面板的左侧.

3. 实验架各接线柱连线说明如图S12-7所示.

(1) 连接到霍尔片的工作电流端(红色插头与红色插座相连，黑色插头与黑色插座相连).

(2) 连接到测试仪上霍尔工作电流 I_S 端(红色插头与红色插座相连，黑色插头与黑色插座相连).

(3) 电流换向开关.

(4) 连接到霍尔片霍尔电压输出端(红色插头与红色插座相连，黑色插头与黑色插座相连).

(5) 连接到测试仪上 V_H,V_σ 测量端(红色插头与红色插座相连，黑色插头与黑色插座相连).

(6) V_H,V_σ 测量切换开关,测量霍尔电压与测量载流子浓度同一个测量端,只需按下 V_H,V_σ 转换开关即可.

(7) 连接到测试仪磁场励磁电流 I_M 端(红色插头与红色插座相连,黑色插头与黑色插座相连).

(8) 用一边是分开的接线插、一边是双芯插头的控制连接线与测试仪背部的插孔相连接(红色插头与红色插座相连，黑色插头与黑色插座相连).

(9)(10) 连接到磁场励磁线圈端子,出厂前已在内部连接好,实验时不再接线.

4. 测试仪面板上的“I_S 输出”“I_M 输出”“V_H,V_σ 测量”三对接线柱应分别与实验架上的三对相应的接线柱正确连接.

5. 将控制连接线一端插入测试仪背部的二芯插孔,另一端连接到实验架的控制接线端子上.

6. 仪器开机前应将 I_S,I_M“电流调节”旋钮逆时针方向旋到底,使其输出电流趋于最小状态,然后开机.

7. 仪器接通电源后,预热数分钟即可进行实验.

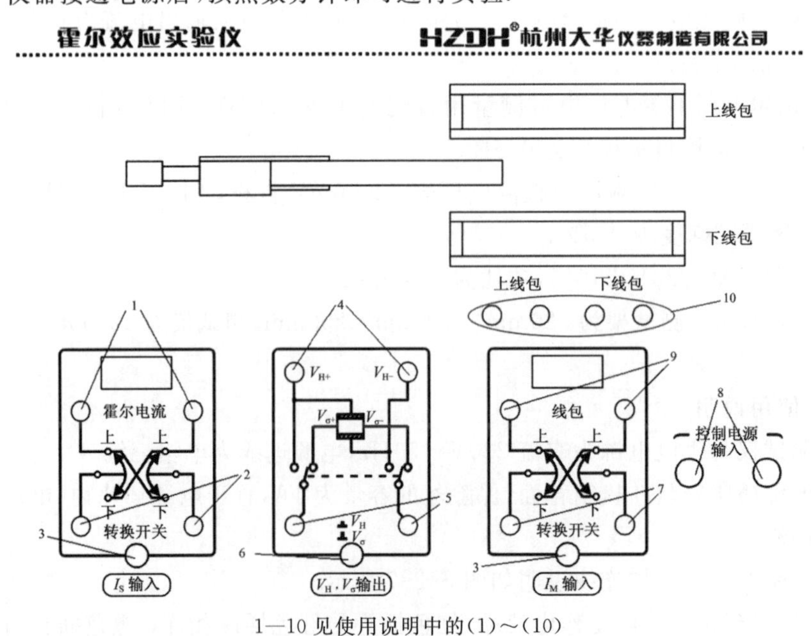

1—10 见使用说明中的(1)～(10)

图 S12-7　实验架各接线柱连线说明图

8. I_S,I_M“电流调节”旋钮分别用来控制样品工作电流和励磁电流的大小,其电流随旋钮顺时针方向转动而增加,操作时应小心.

9. 关机前,应将 I_S,I_M“电流调节”旋钮逆时针方向旋到底,使其输出电流趋于零,然后才可切断电源.

10. 继电器换向开关的使用说明.

单刀双向继电器的电原理图如图 S12-8(a)所示. 当继电器线包不加控制电压时,动触点与常闭端相连接;当继电器线包加上控制电压时,继电器吸合,动触点与常开端相连接.

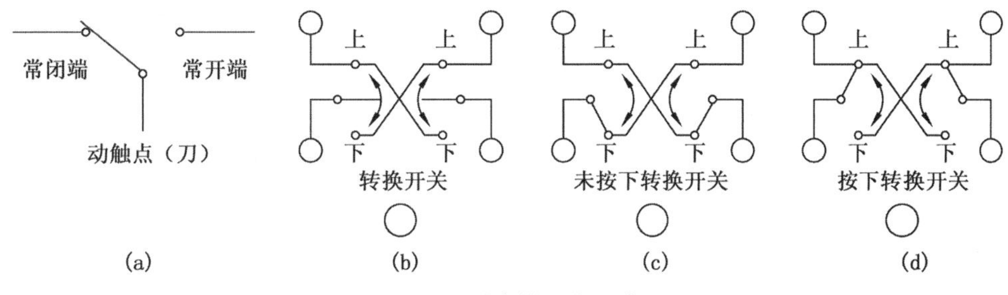

图 S12-8 继电器工作示意图

实验架中,使用了三个双刀双向继电器组成三个换向电子闸刀,换向由转换开关控制,其原理图如图 S12-8(b)、(c)、(d)所示.

当未按下转换开关时,继电器线包不加电,常闭端与动触点相连接;当按下转换开关时,继电器吸合,常开端与动触点相连接,实现连接线的转换. 由此可知,通过按下、按上转换开关,可以实现与继电器相连的连接线的换向功能.

五、仪器使用注意事项

1. 当霍尔片未连接到实验架,并且实验架与测试仪未连接好时,严禁开机加电;否则,极易使霍尔片遭受冲击电流而使霍尔片损坏.

2. 霍尔片性脆易碎、电极易断,严禁用手去触摸,以免损坏! 在需要调节霍尔片位置时必须谨慎.

3. 加电前必须保证测试仪的 I_S,I_M“电流调节”旋钮均置零位(即逆时针旋到底),严防 I_S,I_M 电流未调到零就开机.

4. 测试仪的“I_S 输出”接实验架的“I_S 输入”,“I_M 输出”接“I_M 输入”. 决不允许将“I_M 输出”接到“I_S 输入”处,否则一旦通电,会损坏霍尔片!

5. 注意:移动尺的调节范围有限! 在调节到两边移动尺停止移动后,不可继续调节,以免因错位而损坏移动尺.

第4章 设计性实验

本章设计性实验，要求同学自己设计实验方案，送教师审阅，并在实验设计方案中写明对仪器设备和用具的特殊需求，以便实验室事先为同学做好实验准备. 实验中个别同学需用的工具等小物件，实验室采用"借还制".

设计性实验的每个实验方案的设计、数据记录及处理等都写在专用作业本上. 对实验报告的完整性不做过分要求，请同学们重视拓宽自己的实验思路，提高自己的实验动手能力.

单摆法测定重力加速度

知识点

单摆法测重力加速度的相关实验原理请参阅第3章"实验1 单摆法测定重力加速度".

1. 摆角与周期的关系.

振动周期 T 与摆动角度 θ 的平方成正比，单摆周期公式 $T=2\pi\sqrt{\dfrac{L}{g}}$ 是 $\theta=0$ 时的公式. 实验中 $\theta=0$ 是不可能的. 为了消除实验误差，可用作图法外推处理：即作 T-θ^2 曲线，由此曲线外推到 $\theta=0$ 处，对应的 T 便是 $\theta=0$ 时的周期，然后代入周期公式即可求得 g.

2. 摆长测量的系统误差消除方法.

如果摆球质量不均匀或不规则的话，球心与质心将有固定偏差. 如仍用第3章实验1式(S1-2) $L=l+\dfrac{d}{2}$ 表示摆长，则会出现系统误差. 为此，可参照图S13-1和图S13-2消除之.

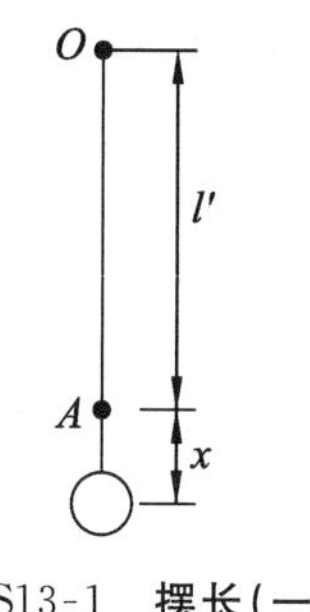

图 S13-1　摆长(一)

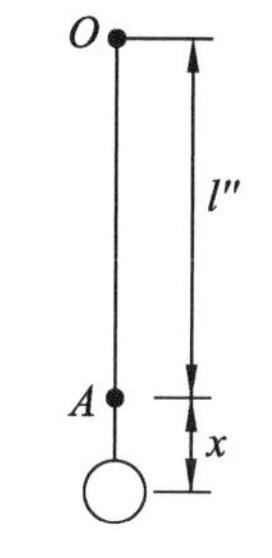

图 S13-2　摆长(二)

在摆球上方、摆线下端某处定一点 A(可做个标记)，由图 S13-1 可知，摆长 L_1 为

$$L_1 = l' + x \tag{S13-1}$$

式中，x 为 A 点到摆球质心的距离(未知)，l' 为悬点 O 到 A 点的距离，测出此时的周期为 T_1. 改变摆长到 L_2(图 S13-2)，则

$$L_2 = l'' + x \tag{S13-2}$$

式中，x 仍为定点 A 到质心的距离(不变)，l'' 为悬点 O 到点 A 的改变了的长度，测出此时的周期 T_2，则有 $gT_1^{\,2} = 4\pi^2(l' + x)$，$gT_2^{\,2} = 4\pi^2(l'' + x)$，所以

$$g = 4\pi^2\,\frac{l'' - l'}{T_2^{\,2} - T_1^{\,2}} \tag{S13-3}$$

可见，用这种方法可以消除质心不在球心位置的系统误差. 同时，测量 l' 和 l'' 时要使米尺贴紧摆线，有助于减小视差.

3. 摆线质量为 μ 时，单摆周期的修正公式为

$$T^2 = 4\pi^2\,\frac{L}{g}\left(1 + \frac{2r^2}{5L^2} - \frac{\mu}{6m}\right) \tag{S13-4}$$

式中，L 为摆长，m，r 分别为小球的质量和半径.

4. 考虑空气的阻力与浮力时，单摆周期的修正公式为

$$T^2 = 4\pi^2\,\frac{L}{g}\left(1 + \frac{2r^2}{5L^2} - \frac{\mu}{6m} + \frac{\theta^2}{8} + \frac{8\rho_0}{5\rho}\right) \tag{S13-5}$$

式中，θ，ρ_0 和 ρ 分别是摆角、空气的密度和小球的密度.

5. 当摆角不太大时，单摆周期的修正公式为

$$T^2 = 4\pi^2\,\frac{L}{g}\left(1 + \frac{2r^2}{5L^2} - \frac{\mu}{6m} + \frac{\theta^2}{8}\right) \tag{S13-6}$$

仪器和用具

单摆仪、米尺、游标卡尺、秒表、电脑通用计数器及光电门、乒乓球、胶水、挡光板等.

实验内容

1. 改变摆角 θ，测周期 T，用作图外推法求 $\theta = 0$ 时的重力加速度 g.

2. 若摆球质心不在球心，试计算系统误差，并实验之.

思考题

1. 如果把摆球改换为乒乓球，你如何用单摆法测定重力加速度？
2. 如何根据式(S13-3)，用图解法求 g？

实验 14 用高压火花打点计时法测定重力加速度

知识点

忽略空气阻力，自由落体运动是初速度为零的匀加速直线运动. 描写自由落体运动的方程为

$$s=s_0+v_0t+\frac{1}{2}gt^2 \tag{S14-1}$$

式中，s_0，v_0分别表示开始计时时($t=0$)落体所处的位置坐标和相应的下落速度.

如图 S14-1 所示，落体由 O 点自由下落，至坐标 s_0的 B 点时，速度为 v_0，从 B 点开始计时，则经过时间 t 物体下落到图 S14-1 中 C 点，设坐标为 s_1，则由式(S14-1)可知

$$s_1=s_0+v_0t+\frac{1}{2}gt^2$$

经过时间 $2t$ 物体到达的位置坐标为

$$s_2=s_0+v_0(2t)+\frac{1}{2}g(2t)^2$$

…

经过时间 kt 物体到达的位置坐标为

$$s_k=s_0+v_0(kt)+\frac{1}{2}g(kt)^2$$

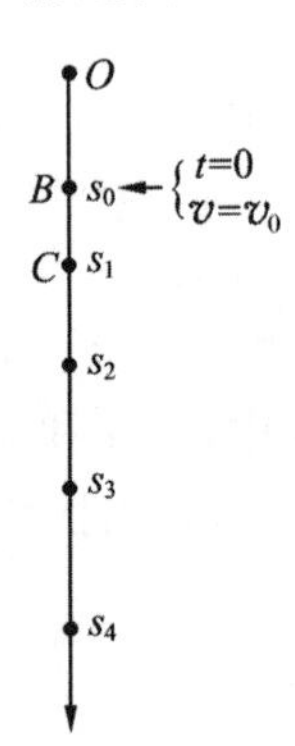

图 S14-1 自由落体运动

若令
$$\begin{cases} d_1=s_1-s_0=v_0t+\frac{1}{2}gt^2 \\ d_2=s_2-s_1=v_0t+\frac{1}{2}g(3t)^2 \\ \cdots \\ d_k=s_k-s_{k-1}=v_0t+\frac{1}{2}g(2k-1)t^2 \end{cases}$$

则 $d_1,d_2,\cdots,d_k$ 依次表示相邻而且相等的时间 t 内物体下落的距离. 若以 Δ 表示相邻而且相等时间 t 内物体下落的距离差值,则 $\Delta_1=d_2-d_1=gt^2$,$\Delta_2=d_3-d_2=gt^2$,$\cdots$,$\Delta_k=d_{k+1}-d_k=gt^2$. 可见 $\Delta_1=\Delta_2=\cdots=\Delta_k=gt^2$. 因此,如果取相同的时间间隔 t,则任意两个相邻的时间间隔内,自由下落的物体下落距离的差值 Δ 总是相等的,即

$$\Delta=gt^2 \tag{S14-2}$$

根据这个特点,只需选定一个时间间隔 t,依次测出每个时间间隔内物体运动的距离 d,算出两相邻时间间隔中的距离差 Δ,按式(S14-2),就可确定重力加速度;反之,如果上述所求的一系列 $\Delta_1,\Delta_2,\cdots,\Delta_k$ 基本相等,即说明物体的运动是匀加速的.

由于实验室具体条件的限制,Δ 不能取太大,按照式(S14-2),就要求时间间隔 t 必须取得很短. 对于较短的时间间隔 t,如果要求保证一定的测量准确度,那么用普通的停表来测量就很困难,因此,必须采用其他的计时方法. 本实验采用高压脉冲火花打点的方法测定重力加速度.

高压脉冲火花发生器能以一定的频率产生高压脉冲(即每隔相等时间 t 产生一个高电平),把高压脉冲接到如图 S14-2 所示的两根拉直的钢丝 AB 和 CD 上. 在两钢丝之间,金属落体从上端自由下落,当有高压脉冲到来时,便会在金属落体与钢丝间产生火花. 在落体与某一钢丝之间安装一条专用纸带(图中 EF),则随着金属落体的自由下落,火花便会在纸带上打出一系列小点子.

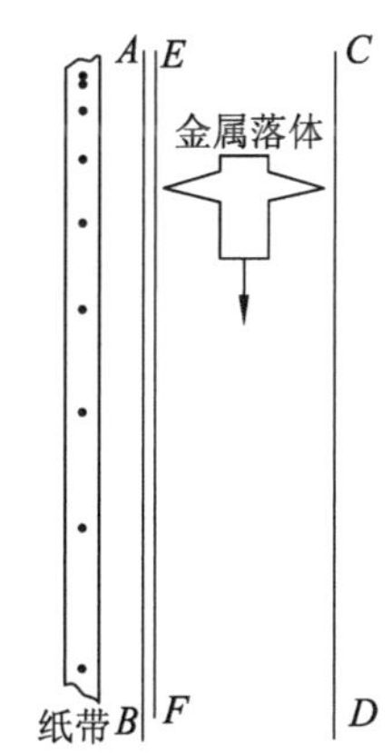

图 S14-2 火花打点计时

取下纸带,用米尺可定出火花记录纸上依次留下的记录点子的坐标 $s_0,s_1,s_2,\cdots,s_k$,如图 S14-3 所示. 可算出 $d_1,d_2,d_3,\cdots,d_k$,再算出 $\Delta_1,\Delta_2,\cdots,\Delta_{k-1}$,如果 Δ_i 基本相等,即表明落体运动是匀加速运动. 如将这 $k-1$ 个 Δ 取平均值后代入式(S14-2),便可得到近真值 $\bar{g}$.

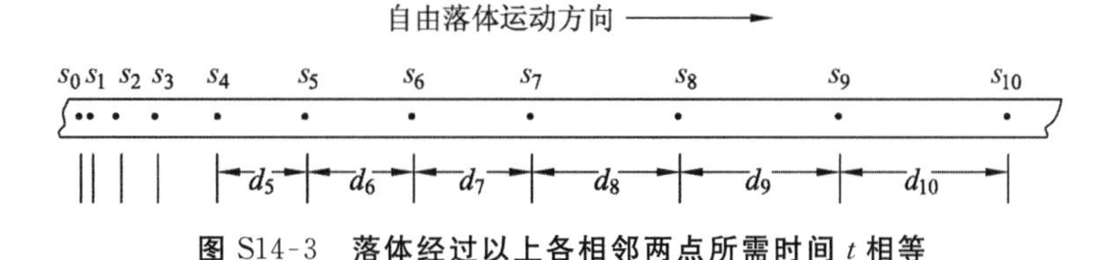

图 S14-3 落体经过以上各相邻两点所需时间 t 相等

在计算过程中,计算 d_i 是一次逐差,由 d_i 计算 Δ_i 是二次逐差. 但二次逐差中,是相邻数据逐差,这种方法叫逐项逐差法.

我们分析一下逐项逐差的缺陷.写出 $\bar{\Delta}$ 的表达式：

$$\begin{aligned}\bar{\Delta}&=\frac{1}{n}(\Delta_1+\Delta_2+\cdots+\Delta_n)\\&=\frac{1}{n}[(d_2-d_1)+(d_3-d_2)+\cdots+(d_{n+1}-d_n)]\\&=\frac{1}{n}(d_{n+1}-d_1)\end{aligned}$$

可见,对 Δ 取平均,使第一次逐项所得的数据 $d_1,d_2,d_3,\cdots,d_k$ 的中间数据全部抵消了,只用上了首末两个数据,如果首末两数据中任一个误差较大,就会直接影响到最后结果.因此,我们应采用“隔项逐差法”:即将数据分成两组,各组间做对应逐差.

将图 S14-3 记录的点分成两组(以 8 个点为例)：$s_1\sim s_4$ 为一组,$s_5\sim s_8$ 为另一组,如图 S14-4 所示.进行第一次隔项逐差,可得

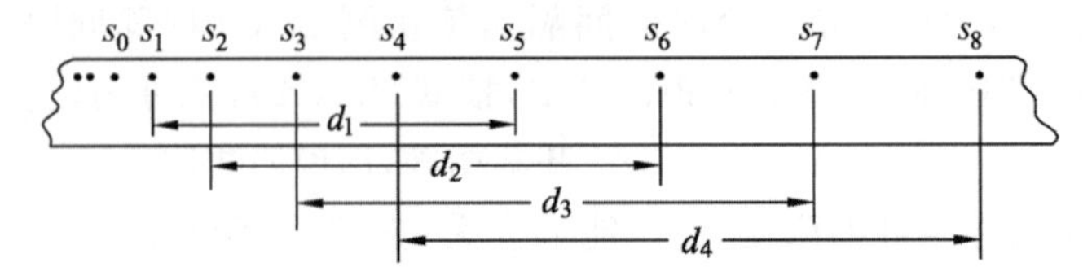

图 S14-4 记录点分两组进行隔项逐差

$$d_1=s_5-s_1=s_0+v_0(5t)+\frac{1}{2}g(5t)^2-\left[s_0+v_0t+\frac{1}{2}gt^2\right]=4v_0t+12gt^2$$

$$d_2=s_6-s_2=4v_0t+16gt^2$$

$$d_3=s_7-s_3=4v_0t+20gt^2$$

$$d_4=s_8-s_4=4v_0t+24gt^2$$

再将 $d_1\sim d_4$ 分成两组:$d_1\sim d_2$ 为一组,$d_3\sim d_4$ 为另一组,进行第二次隔项逐差,可得 $\Delta_1=d_3-d_1=8gt^2$,$\Delta_2=d_4-d_2=8gt^2$.可见,$\Delta_1=\Delta_2=\Delta=8gt^2$,将 Δ_1,Δ_2 取平均后可求得 $\bar{g}$：

$$\bar{g}=\frac{\bar{\Delta}}{8t^2} \tag{S14-3}$$

一般地,取 $4m$ 个火花打点记录点(m 取 1,2,3,…),分成 2 组,可一次隔项逐差得到 $2m$ 个 d,再将 $2m$ 个 d 分成 2 组,进行第二次隔项逐差,可得到 m 个 Δ,将 m 个 Δ 取平均,可求出 $\bar{g}$.两次隔项逐差,可推得求 g 的公式：

$$\bar{g}=\frac{\bar{\Delta}}{2m^2t^2} \tag{S14-4}$$

式中,t 为相邻记录点的时间间隔.

高压脉冲火花发生器可以调整高压产生的频率,如果调其发生频率为 f,则表明它每秒钟可在火花打点纸上打出 f 个等时间间隔的点,也即相邻两个记录点之间的时间间隔 $t=\frac{1}{f}$,所以式(S14-4)也可写成

$$\bar{g}=\frac{\bar{\Delta}\cdot f^2}{2m^2} \tag{S14-5}$$

仪器和用具

高压脉冲火花发生器、火花打点纸、低压可调电源、自由落体仪、钢尺、游标卡尺等.

实验内容

一、调整仪器

1. 在教师指导下,接好电路,选择高压脉冲火花发生器频率为100Hz.注意:自由落体仪的电磁铁电源电压不要超过12V.

2. 将自由落体仪调铅直,在教师指导下练习自由落体的控制及高压火花的发生操作,待操作熟练后做下面内容.

3. 调节钢丝调整旋钮,使两根钢丝绷紧拉直,装上火花打点纸带(光的一面朝向落体),让纸带稍偏些,以试验落体下落时火花打点情况,看点子是否清楚,如不清楚,将钢丝与落体的间距调整好,重复试验,直至清楚为止,以便正式测记火花点.

二、实验测试

1. 稍移火花打点纸带位置,使钢丝大致处于纸带中心线的位置,并缓缓地将纸带拉紧,但要注意不要将纸带拉断或扯破.起动高压开关,让落体下落时按等时间间隔在纸带上打出火花点子,此列点子是实验数据测试的依据,所以装纸带时一定要放好位置,不允许有误.

2. 再稍移火花打点纸带位置,选取高压脉冲频率$f=50$Hz,重复上述步骤.

3. 关掉电源,取下纸带.

4. 选取16个点子,测量该16个点子的坐标位置,用两次逐项逐差法验证自由落体运动是否是匀加速运动,并分析误差产生的原因.用两次隔项逐差法求重力加速度,并与实验室标称值做比较.

注意事项:

(1) 安装纸带、调节自由落体仪时要将高压脉冲仪电源切断,以防止高压触电.

(2) 电磁铁电压不能超过12V,以防止烧坏其线圈.

(3) 测试点子时如发现有些点子明显不在一条直线上,应予以剔除.

(4) 选择点子测试时,宜选离上端距离约10cm以下的点子.(为什么?)

思考题

1. 落体刚下落时,吸紧磁铁还有剩磁,这会对测量结果造成影响.实验中如何避免剩磁对g测量精度的影响?

2. 试推导式(S14-4).

3. 如何验证自由落体运动是匀加速直线运动?

4. 本实验中用逐差法求落体运动的加速度时,为什么不用逐项逐差?在解决什么问题时又以逐项逐差为好?

5. 已知 y 与 x 有一定的函数关系,测得 x 每增加一定的数值,相应的 y 数值依次为:{123.73,94.98,71.06,51.56,36.09,24.25,15.63,9.83}cm,则 y 与 x 的关系可能是下列几种中的哪一种?并说明这可能是一种什么运动?

(1) $y=a_0$;

(2) $y=a_0+a_1x$;

(3) $y=a_0+a_1x+a_2x^2$;

(4) $y=a_0+a_1x+a_2x^2+a_3x^3$;

(5) $y=a_0+a_1x+a_2x^2+a_3x^3+a_4x^4$;

…

实验 15 物体密度的测定

知识点

一、用流体静力称衡法测物体的密度

只要测出物体的质量 M 和体积 V,便可求出物体的密度 $\rho=\frac{M}{V}$,M 可用物理天平称出. 对形状规则的物体体积,如圆柱体,可用游标卡尺和千分尺测其直径 d 和高度 h(注意,由于物体线度本身的不均匀性,因此须从不同方位多测几次),则可求出体积 $V=\frac{\pi d^2 \cdot h}{4}$. 对形状不规则的物体,可采用流体静力称衡法求其体积(物体应不溶于液体). 根据阿基米德定律,浸在液体中的物体受到向上的浮力,浮力大小等于物体所排开液体的重量. 如果将物体放在空气中称得重量为 W_1[图 S15-1(a)],而将物体浸没于水中时称得重量为 W_2[图 S15-1(b)],在不计空气浮力时物体浸没在水中所受到的浮力大小 $F=W_1-W_2$,浮力 F 的大小等于物体所排开水的重量,即 $F=\rho_0 gV$(式中 ρ_0 为水的密度,V 为物体浸没在水中的体积,即物体体积). 而 $W_1=\rho gV$(ρ 为物体密度). 由于 W_1,W_2 都可

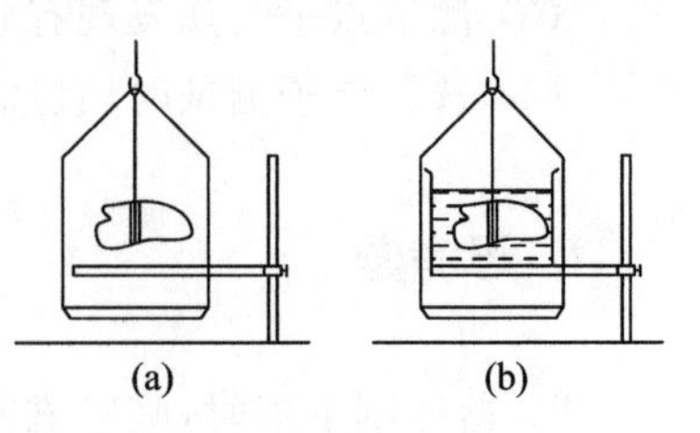

图 S15-1 用天平称物体

由天平称出，而水密度 ρ_0 已知，于是可得物体的密度为

$$\rho=\frac{W_1}{W_1-W_2}\rho_0 \tag{S15-1}$$

假如让物体浸没在密度为 $\rho_{液}$（未知）的液体中，并且此时称重为 W_3，则 $W_1-W_3=\rho_{液}gV$，又 $W_1-W_2=\rho_0 gV$，则可测得未知液体的密度为

$$\rho_{液}=\frac{W_1-W_3}{W_1-W_2}\rho_0 \tag{S15-2}$$

对于某些密度 ρ' 小于 ρ_0 的物质（如木块、石蜡等），将其放入水中时无法完全浸没，通常可采用下述方法解决. 先称出物体在空气中的重量 W_1，然后在待测物体的下方用细线吊上一块重物，称出重物浸没在水中而待测物在空气中的重量 W_1'，最后称出重物和待测物都浸没在水中的重量 W_2'. 由于 $W_1=\rho' gV$，$W_1'-W_2'=\rho_0 gV$，故

$$\rho'=\frac{W_1}{W_1'-W_2'}\rho_0 \tag{S15-3}$$

二、用排气法测物体的密度

固体的密度测量，关键是测其质量 M 和体积 V，质量可用天平很方便地测出，但体积 V，对可溶性固体，特别是固体微粒，则不可能用流体静力称衡法求得. 我们可根据玻意耳-马略特定律，设计测体积 V 的实验方案.

实验装置如图 S15-2 所示，图中 B 为玻璃瓶，其内可放待测固体微粒；A 是柱形玻璃管，其内径均匀，可借助读数显微镜测出其内径，由此可知截面积为 S；C，D 为 U 形水银压强计，内装适量水银；E 为带刻度的标尺；K 为插口阀门. 图中所有玻璃磨口插口处用凡士林涂上，以防止漏气. 实验原理如下：

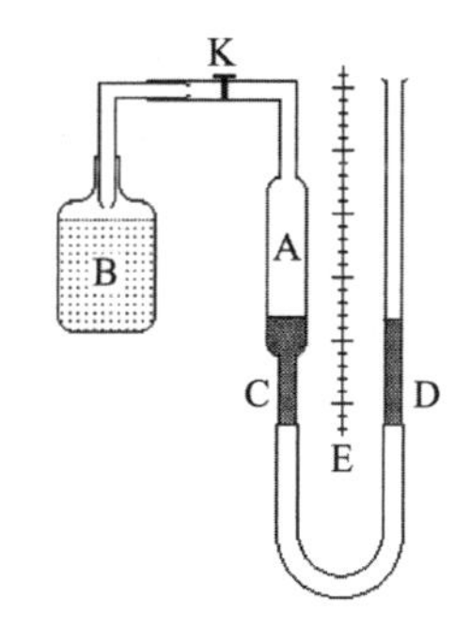

图 S15-2　排气法测物体的密度

1. 待测物体未放入玻璃瓶 B 中时.

设大气压强为 H 汞柱高，U 形水银压强计左液面所封空气体积为 V_1，使左右管液面等高后，记下左液面标尺刻度坐标 x_0，提升右管，对左管空气进行压缩，压缩后左右管液面高度差为 h_1，左管液面坐标升为 x_1，则根据玻意耳-马略特定律，有 $HV_1=(H+h_1)[V_1-(x_1-x_0)S]$，即

$$V_1=\frac{(H+h_1)(x_1-x_0)S}{h_1} \tag{S15-4}$$

2. 待测物体放入玻璃瓶 B 中时.

将玻璃瓶 B 卸下，装入待测固体微粒，重新装入装置，要保证插口位置不变. 调整 U 形水银压强计，仍使两边液面等高，左液面仍在坐标 x_0 处（可打开阀门 K 调整，调好后关闭阀门 K）. 设左液面所封闭空气体积为 V_2，同上所述，提升右管，对左管空气进行压缩，压缩后左右管液面高度差为 h_2，右液面坐标为 x_2，则 $HV_2=(H+h_2)[V_2-(x_2-x_0)S]$，即

$$V_2=\frac{(H+h_2)(x_2-x_0)S}{h_2} \tag{S15-5}$$

由于两次压缩前左液面等高，所以待测固体微粒的体积为

$$V=V_1-V_2=\left[\frac{(H+h_1)(x_1-x_0)}{h_1}-\frac{(H+h_2)(x_2-x_0)}{h_2}\right]S \qquad (S15\text{-}6)$$

仪器和用具

游标卡尺、螺旋测微器、物理天平、盛水容器、待测黄铜圆柱体、细线、温度计、待测液体，等等.

实验内容

一、测规则物体——黄铜圆柱体的密度

1. 正确使用天平，称出圆柱体的质量(参见第 2 章“2.1.2　物理天平”).

2. 用螺旋测微器测量圆柱体的外径 9 次，求平均值 $\bar{d}$ (要求在不同方位进行测量).

3. 用游标卡尺测量圆柱体的高度，在不同方位测量 5 次，求平均值 $\bar{h}$.

4. 计算密度 $\bar{\rho}$(这里我们对误差分析和不确定度评定不作要求).

二、用流体静力称衡法测黄铜圆柱体的密度

1. 用流体静力称衡法测量黄铜圆柱体的密度，并与上述结果做比较. 写出实验方法，并列表记录测量数据.

2. 写出测量液体密度 $\rho_{液}$ 的实验方案，并实验之.

思考题

1. 为什么圆柱体的高度要用游标卡尺测量，直径要用螺旋测微器测量?

2. 不规则固体不溶于水，但它的密度比水的密度小，试设计用流体静力称衡法测它的密度的方案，并实验之.

平均速度与瞬时速度的测定

知识点

1. 有关气垫导轨的工作原理和使用方法，可阅读第 2 章“2.1.3 气垫导轨”.

2. 有关电脑通用计数器的使用方法，可阅读第 2 章“2.1.4 电脑通用计数器”.

3. 平均速度和瞬时速度.

物体在任意 A,B 两点之间运动的平均速度为

$$\bar{v}_{AB}=\frac{s_{AB}}{t_{AB}} \tag{S16-1}$$

式(S16-1)中 s_{AB} 是 A,B 两点的距离，t_{AB} 是物体运动通过 A,B 两点间的时间. 对于匀速直线运动，任意点的瞬时速度等于两点之间的平均速度.

对于匀加速直线运动，在 A,B 两点间的平均速度为

$$\bar{v}=\frac{s_{AB}}{t_{AB}}=\frac{1}{2}(v_A+v_B) \tag{S16-2}$$

式(S16-2)中 s_{AB}，t_{AB} 同式(S16-1)，v_A，v_B 为 A,B 两点的瞬时速度.

以 U 形挡光片在某处的挡光距离 Δs 与挡光时间 Δt 之比当作该处的瞬时速度，即

$$v=\frac{\Delta s}{\Delta t} \tag{S16-3}$$

4. 作图外推法(极限法).

式(S16-3)中 $\frac{\Delta s}{\Delta t}$ 实际上是一段较短时间内的平均速度，是从挡光开始后一段距离(时间)内的平均速度，并不是挡光处(时)的瞬时速度. 挡光片的挡光距离 Δs 越大，滑块运动的速度越小，滑块的加速度越大，测出的结果距真正的瞬时速度相差也就越远.

于是我们采用不同宽度的挡光片(Δs 不同)，用式(S16-3)测出滑块在同样条件下通过某点时的速度 $v=\frac{\Delta s}{\Delta t}$，作 v-Δs 或 v-Δt 图，将各个 Δs 下测出的 v 的连线外推至 $\Delta s=0$(v-Δs 图)或 $\Delta t=0$(v-Δt 图)处的值，便是瞬时速度，这种方法被称为作图外推法或极限法(也称为线性外推)，如图 S16-1(a)及图 S16-1(b)所示，这就是实验上利用作图外推法精确地测定了某一点的瞬时速度. 瞬时速度的数学表达式为

$$v_0=\lim_{\substack{\Delta s\to 0\\ \Delta t\to 0}}\frac{\Delta s}{\Delta t} \tag{S16-4}$$

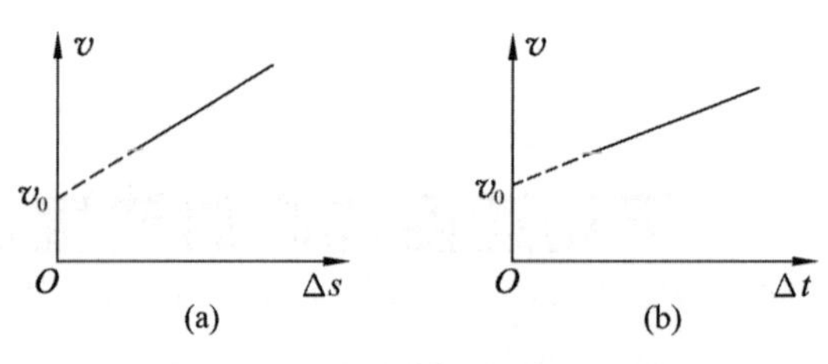

图 S16-1　作图外推法测瞬时速度

可以证明，v-Δt 图理论上应为一条直线$[v=v_0+a\Delta t]$，而 v-Δs 图则是抛物线的一段$\left[v=\dfrac{\sqrt{4v_0{}^2+8a\Delta s}+2v_0}{4}\right]$，在滑块的加速度 a 较小、Δs 不太大的条件下，可以把这一段看作直线而用线性外推.

仪器和用具

气垫导轨及气源、滑块、光电计时测速装置（光电门、电脑通用计数器或数字毫秒计）、平板形挡光片和四种不同宽度的 U 形挡光片、游标卡尺等.

实验内容

1. 匀速直线运动的平均速度和瞬时速度的关系.

(1) 在气垫导轨上安置两个光电门，间距取 $s_{AB}=50.00$cm，调好测时装置，给气垫导轨通气后再放上滑块，调气垫导轨水平.

(2) 推动滑块，使之在气轨上不断做往返运动，记下 s_{AB}，t_{AB}，Δt_A，Δt_B 十次，如图 S16-2 所示. 其中 Δt_A 及 Δt_B 是 U 形挡光板在 A 处及 B 处的挡光时间.

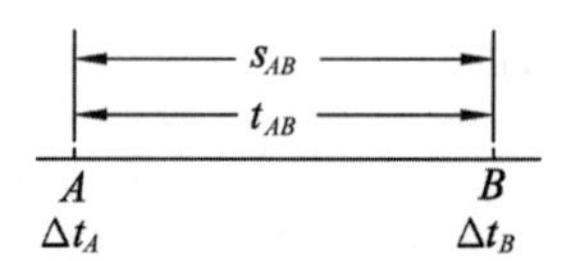

图 S16-2　测滑块运动时间

(3) 用游标卡尺测挡光距离 Δs，结合式(S16-1)、式(S16-3)，算出 $\bar{v}_{AB}$ 及 v_A，v_B，验算是否有 $v_A=v_B=v_{AB}$（要求测量误差在 3%以内，即 $E_1=\dfrac{|v_A-v_B|}{v_A}\leqslant 3\%$，$E_2=\dfrac{|v_A-\bar{v}_{AB}|}{v_A}\leqslant 3\%$）. 表 S16-1 是数据记录及计算的参考表.

表 S16-1　验证匀速直线运动平均速度与瞬时速度关系的测量数据表

U 型挡光片的宽度 $\Delta s=$　　　cm，A，B 间距离 $s=$　　　cm

次数	Δt_A/($\times 10^{-4}$s)	Δt_B/($\times 10^{-4}$s)	Δt_{AB}/($\times 10^{-4}$s)	v_A/(cm·s^{-1})	v_B/(cm·s^{-1})	$\bar{v}_{AB}$/(cm·s^{-1})	E_1	E_2
1								
2								
3								

续表

次数	Δt_A/($\times10^{-4}$s)	Δt_B/($\times10^{-4}$s)	Δt_{AB}/($\times10^{-4}$s)	v_A/($cm \cdot s^{-1}$)	v_B/($cm \cdot s^{-1}$)	$\bar{v}_{AB}$/($cm \cdot s^{-1}$)	E_1	E_2
4								
5								
6								
7								
8								
9								
10								

(以上数据能否证实 $v_A=v_B=\bar{v}_{AB}$，即测量误差$\leqslant 3\%$?)

2. 匀加速直线运动的平均速度和瞬时速度的关系.

(1) 按图 S16-3 所示将气垫导轨调倾斜，倾角 α 约为 5°，在 A,B,C,D 处分别装上光电门，取 $AB=BC=CD=$ 30.00cm. 将滑块从固定点 P 处下滑.

图 S16-3　滑块在倾斜气轨上运动

(2) 测量滑块通过 A,B,C,D 点时的挡光时间 Δt_A，Δt_B，Δt_C，Δt_D 以及滑块通过 AB,AC,BC,BD 之间的挡光时间 t_{AB}，t_{AC}，t_{BC}，t_{BD}. 列表记录测量数据(提示：电脑通用计数器可直接测出 t_{AB}，t_{BC} 和 t_{CD}，而 t_{AC} 和 t_{BD} 需要通过计算得出：$t_{AC}=t_{AB}+t_{BC}$，$t_{BD}=t_{BC}+t_{CD}$).

(3) 重复步骤(2) 6 次(即测量 6 组数据).

(4) 根据式(S16-1)、式(S16-3)，计算滑块在 A,B,C,D 点的瞬时速度 v_A，v_B，v_C，v_D 以及滑块通过 AB,AC,BC,BD 之间的平均速度 $\bar{v}_{AB}$，$\bar{v}_{AC}$，$\bar{v}_{BC}$，$\bar{v}_{BD}$(表 S16-2 是数据记录的参考表，表 S16-3 是相应数据计算的参考表). 请根据计算结果得出相关结论.

表 S16-2　研究匀加速直线运动平均速度和瞬时速度关系的测量数据表

$AB=BC=CD=$　　cm，U 型挡光片的宽度 $\Delta s=$　　cm　　　单位：10^{-4} s

次数	Δt_A	Δt_B	Δt_C	Δt_D	t_{AB}	t_{BC}	t_{CD}	t_{AC}	t_{BD}
1									
2									
3									
4									
5									
6									
平均值									

表 S16-3　由表 S16-2 数据进行计算的数值表　　单位：cm・s^{-1}

v_A	v_B	v_C	v_D	$\bar{v}_{AB}$	$\bar{v}_{AC}$	$\bar{v}_{BC}$	$\bar{v}_{BD}$	$\frac{v_A+v_B}{2}$	$\frac{v_A+v_C}{2}$	$\frac{v_B+v_C}{2}$	$\frac{v_B+v_D}{2}$

提示：验算下列公式是否存在.
① $\bar{v}_{AB}\approx(v_A+v_B)/2$,百分差＝　　　　；② $\bar{v}_{AC}\approx(v_A+v_C)/2$,百分差＝　　　　；
③ $\bar{v}_{BC}\approx(v_B+v_C)/2$,百分差＝　　　　；④ $\bar{v}_{BD}\approx(v_B+v_D)/2$,百分差＝　　　　；
⑤ $v_B\neq(v_A+v_C)/2$(B 为 A,C 之中点)；⑥ $v_C\neq(v_B+v_D)/2$ (C 为 B,D 之中点).

3. 用极限法测定瞬时速度.

(1) 将滑块分别装上四块不同挡光宽度的 U 形挡光片,用游标卡尺测出其挡光宽度 $\Delta s_1,\Delta s_2,\Delta s_3,\Delta s_4$.

(2) 如图 S16-4 所示,将气垫导轨调成倾斜,令滑块都从某一点 A 开始下滑,用式(S16-3)求出滑块在 P 点的瞬时速度 v_P.

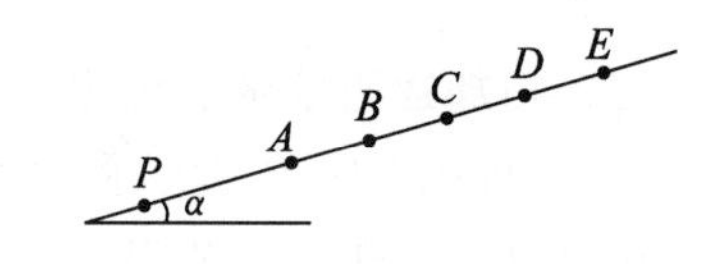

图 S16-4　极限法测定瞬时速度

(3) 改变滑块的起始位置,即令滑块从 B,C,D,E 点开始下滑,用式(S16-3)求其在 P 点的瞬时速度v_P,从不同点下滑得到不同的速度值.

注意：从同一点下滑,改变挡光片宽度时要注意挡光片前沿 aa'更换前后保持同一位置(图 S16-5),滑块载不同挡光片从同一点下滑,每一种情况要求多次测量(5 次以上),将多次测量结果 Δt 取平均后,填入表 S16-4 中,计算 v_P值.

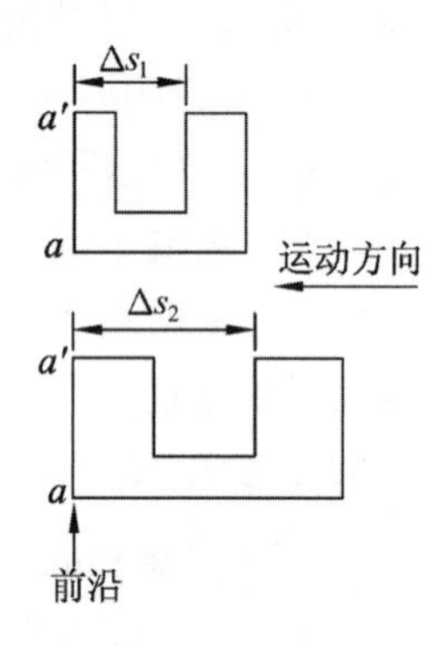

图 S16-5　前沿 aa' 要保持同一位置

(4) 根据测量结果和计算结果,作 v-Δt 图,将从不同点开始下滑得到的数据画在一张图上,从图中求出 v_{P0}. 同样,作 v-Δs 图,求出 v_{P0},看看 v-Δt 图与 v-Δs 图对从同一点下滑得到的 v_{P0}是否相同?

根据表 S16-4 中数据,看看 Δs 越大,v_P 与 v_{P0}相差是否越大? v 越大,v_P与 v_{P0} 相差是否越小? 写出结论(即以 $v=\frac{\Delta s}{\Delta t}$代替瞬时速度的条件).

表 S16-4　极限法测定瞬时速度的数据表

	$\Delta t,v_P$	Δs/cm			
		$\Delta s_1=$	$\Delta s_2=$	$\Delta s_3=$	$\Delta s_4=$
从 A 点下滑	$\Delta t/(\times10^{-4}\,\mathrm{s})$				
	$v_P/(\mathrm{cm}\cdot\mathrm{s}^{-1})$				
从 B 点下滑	$\Delta t/(\times10^{-4}\,\mathrm{s})$				
	$v_P/(\mathrm{cm}\cdot\mathrm{s}^{-1})$				

续表

	$\Delta t, v_P$	Δs/cm			
		$\Delta s_1=$	$\Delta s_2=$	$\Delta s_3=$	$\Delta s_4=$
从 C 点下滑	$\Delta t/(\times 10^{-4}\text{ s})$				
	$v_P/(\text{cm}\cdot\text{s}^{-1})$				
从 D 点下滑	$\Delta t/(\times 10^{-4}\text{ s})$				
	$v_P/(\text{cm}\cdot\text{s}^{-1})$				
从 E 点下滑	$\Delta t/(\times 10^{-4}\text{ s})$				
	$v_P/(\text{cm}\cdot\text{s}^{-1})$				

思考题

1. 为了更好地考察匀加速直线运动的瞬时速度与平均速度的关系时，气垫导轨的倾斜度是大些好还是小些好？图 S16-3 中 A,B,C,D 各点距 P 点是近些好还是远些好？
2. 本实验用作图外推法求某一点的瞬时速度，其依据是什么？做了什么假定？
3. 用极限法求瞬时速度，必须保证哪些实验条件？

验证牛顿第二定律

知 识 点

1. 有关气垫导轨的工作原理和使用方法，可阅读第 2 章“2.1.3 气垫导轨”.
2. 有关电脑通用计数器的使用方法，可阅读第 2 章“2.1.4 电脑通用计数器”.
3. 验证牛顿第二定律.

水平气轨上一质量为 m 的滑块，用一细线通过轻滑轮 P 与砝码 m_1 相连，如图 S17-1 所示. 在略去滑块与导轨之间及滑轮轴上的摩擦力、滑轮和线的质量以及线不伸长的条件下，根据牛顿第二定律，有

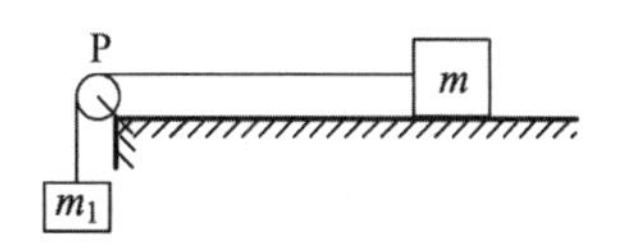

图 S17-1 实验装置示意图

$$(m_1+m)a=m_1 g \qquad \text{(S17-1)}$$

式(S17-1)中 $m_1+m=M$ 是运动物体系统的总质量，$m_1 g$ 是物体系在运动方向所受的

合外力. 式(S17-1)表明:当系统的总质量保持不变时,加速度 a 与合外力成正比;当合外力保持恒定时,加速度 a 与系统的总质量 M 成反比. 本实验中,我们用实验对式(S17-1)予以验证,亦即验证牛顿第二定律.

仪器和用具

气垫导轨及气源、滑块、电脑通用计数器、砝码、骑码、天平、轻质细线、游标卡尺等.

实验内容

实验之前,先将两个光电门固定在距气垫导轨两端约 30cm 处,用一 U 形挡光片挡光电门,学习测量挡光计时的方法,然后将气垫导轨调至水平.

1. 保持系统总质量不变,研究外力与加速度的关系.

(1) 将气垫导轨调水平后,按图 S17-1 所示把系有砝码盘的细线通过气垫导轨的滑轮与滑块相连,再将滑块移至远离滑轮的一端,松手后滑块便从静止开始做匀加速运动. 练习测记滑块上 U 形挡光片通过光电门 1、光电门 2 的挡光时间 Δt_1, Δt_2 和通过两光电门之间距离所需时间 t_{12}.

表 S17-1　研究外力与加速度关系的测量数据表　　$\Delta s=$　　cm

盘内骑码个数	m_i/g	Δt_1/($\times10^{-4}$s)	v_1/(cm·s^{-1})	Δt_2/($\times10^{-4}$s)	v_2/(cm·s^{-1})	t_{12}/($\times10^{-4}$s)	a/(cm·s^{-2})
0							
1							
2							
3							
4							
5							
6							
7							
8							

(2) 测出 U 形挡光片的挡光距离 Δs、滑块(加挡光片)的质量 m_0、砝码盘(加细线)的质量 m_A 和 8 个骑码各自的质量 m_i'($i=1,2,\cdots,8$),并对这 8 个骑码编号,以便于识别各骑码的质量.

(3) 在滑块上安置好以上 8 个骑码,按步骤(1)操作并记录有关数据(Δt_1, Δt_2 和 t_{12}).

(4) 改变合外力，测系统运动的加速度(系统的总质量仍保持不变，请依次取下滑块上的骑码，并放于砝码盘内；系统的总质量 M= 砝码盘质量 m_A + 骑码总质量 $\sum m_i$ + 滑块质量 m_0；外力 $m_1 g$ 中的 m_1 等于砝码盘质量加盘内放置骑码的总质量). 将测得的数据记入表 S17-1 中，表中

$$a=\frac{v_1-v_2}{t_{12}}, v_1=\frac{\Delta s}{\Delta t_1}, v_2=\frac{\Delta s}{\Delta t_2}$$

(5) 由表 S17-1 中数据，以 m_1 为纵轴、a 为横轴，作 m_1-a 图(应为一直线)，求其斜率 k(实验值).

(6) 由式(S17-1)可知，上述 m_1-a 图的斜率理论值应为 $k'=\frac{m+m_1}{g}=\frac{M}{g}$. 根据测出的系统总质量 M，可算出 k'，将理论值 k' 与所求实验值 k 比较，由此验证"系统的总质量不变时，加速度与合外力成正比".

2. 保持外力不变，研究系统的总质量与加速度的关系.

保持砝码盘与砝码总质量 m_1 不变(m_1 取约 15.00g)，改变滑块上骑码数，测量 Δt_1，Δt_2，t_{12} 等数据，做有关计算并列入表 S17-2 中(表中 M 为系统的总质量，M= 滑块质量 m_0 + 骑码质量 $\sum m_i'$ + 砝码盘及盘内砝码质量 m_1)，作 M-$\frac{1}{a}$ 图，它应该是一条直线，求其斜率，并与理论值 $m_1 g$ 比较，由此验证"外力不变时，加速度与系统的总质量成反比".

表 S17-2　研究系统的总质量与加速度关系的测量数据表　　Δs=　　cm

次数	M /g	Δt_1 /($\times 10^{-4}$ s)	v_1 /(cm · s^{-1})	Δt_2 /($\times 10^{-4}$ s)	v_2 /(cm · s^{-1})	t_{12} /($\times 10^{-4}$ s)	a /(cm · s^{-2})	$1/a$ /(s^2 · cm^{-1})
1								
2								
3								
4								
5								
6								
7								
8								

思考题

1. 本实验中，在研究系统的总质量与速度的关系时，根据什么来选择 m_1 的取值范围？m_1 取大了或取小了，对实验会带来什么不良影响？

2. 实验验证 m_1-a、M-$\frac{1}{a}$ 的关系时，用作图法处理数据，从 m_1-a 图中得到的斜率

比$\frac{M}{g}$大，从 M-$\frac{1}{a}$图中得到的斜率比 $m_1 g$ 小，试通过实验结果分析其原因.

3. 能不能说，通过本实验可以建立牛顿第二定律？

4. 如果不用天平，而用气垫导轨和光电测时装置来测定滑块的质量，试扼要地说明测量的具体步骤.

实验 18　验证动量守恒定律

知识点

如果系统不受外力或所受合外力为零，则系统的总动量保持不变，这就是动量守恒定律. 显然，在系统只包括两个物体，且两物体沿一条直线发生碰撞的简单情形下，只要系统所受的合外力在此直线方向上为零，则在该方向上系统的总动量就保持不变. 我们研究质量分别为 m_1 和 m_2 的两滑块组成的系统在水平气轨上发生碰撞. 如果忽略阻尼力，则此系统在水平方向上不受外力作用，因此碰撞前后系统的动量守恒. 以 v_{10} 和 v_{20} 分别表示两滑块碰撞前的速度，v_1 和 v_2 分别表示两滑块碰撞后的速度，根据动量守恒定律，则有

$$m_1 v_{10} + m_2 v_{20} = m_1 v_1 + m_2 v_2 \tag{S18-1}$$

式(S18-1)中速度有正有负(如规定向右运动为正，向左运动则为负).

1. 完全弹性碰撞.

水平气垫导轨上两滑块的完全弹性碰撞不仅满足式(S18-1)，还满足机械能守恒定律，故有

$$\frac{1}{2}m_1 v_{10}^2 + \frac{1}{2}m_2 v_{20}^2 = \frac{1}{2}m_1 v_1^2 + \frac{1}{2}m_2 v_2^2 \tag{S18-2}$$

由式(S18-1)和式(S18-2)，可联立求得

$$\begin{cases} v_1 = \dfrac{(m_1 - m_2)v_{10} + 2m_2 v_{20}}{m_1 + m_2} \\ v_2 = \dfrac{(m_2 - m_1)v_{20} + 2m_1 v_{10}}{m_1 + m_2} \end{cases} \tag{S18-3}$$

为了简化实验，可按下面两种情况予以验证动量守恒定律.

(1) 当 $m_1 = m_2$，$v_{20} = 0$ 时，式(S18-3)变为

$$v_1 = 0, \qquad v_2 = v_{10} \tag{S18-4}$$

(2) 当 $m_1 \neq m_2$，$v_{20} = 0$ 时，式(S18-3)变为

$$\begin{cases} v_1=\dfrac{(m_1-m_2)v_{10}}{m_1+m_2} \\ v_2=\dfrac{2m_1v_{10}}{m_1+m_2} \end{cases} \tag{S18-5}$$

2. 完全非弹性碰撞.

两滑块在水平气垫导轨上做完全非弹性碰撞时也满足动量守恒定律,这种碰撞的特点是碰撞后两物体的速度相同,即

$$v_1=v_2=v \tag{S18-6}$$

实验在 $m_1=m_2$ 及 $v_{20}=0$ 的条件下进行,由式(S18-1)和式(S18-6),可得

$$v=\frac{1}{2}v_{10} \tag{S18-7}$$

3. 恢复系数 e.

相互碰撞的两物体,碰撞后相对分离的速度与碰撞前相对接近的速度之比,称为恢复系数,用 e 表示,即

$$e=\frac{|v_2-v_1|}{|v_{20}-v_{10}|} \tag{S18-8}$$

通常根据恢复系数对碰撞进行分类:

(1) $e=0$,即 $v_1=v_2$,完全非弹性碰撞.

(2) $e=1$,完全弹性碰撞.

(3) $0<e<1$,一般弹性碰撞.

实验时,将完全弹性碰撞和完全非弹性碰撞情形下测得的数据代入式(S18-8),求 e 的实验值.

4. 有关气垫导轨的工作原理和使用方法,可阅读第 2 章“2.1.3　气垫导轨”.

5. 有关电脑通用计数器的使用方法,可阅读第 2 章“2.1.4　电脑通用计数器”.

仪器和用具

气垫导轨及气源、光电门、电脑通用计数器、天平、滑块、骑码、U 形挡光片、接合器、碰簧、游标卡尺等.

实验内容

1. 在每个滑块的一端装上弹性较好的碰簧,用于完全弹性碰撞;在滑块的另一端粘上接合器(刺毛或有一定厚度的双面胶带),用于完全非弹性碰撞,并且使两滑块配成等质量(加砝码).

2. 将气垫导轨调水平,两滑块上的挡光片选用同规格的,调整两光电门在气垫导轨上的距离,在保证能读出碰撞前后的挡光时间的条件下,尽量缩短两光电门的间距.

3. 进行等质量完全弹性碰撞. 测出碰撞前后两滑块的速度(令 $v_{20}=0$),验证式

(S18-4),根据式(S18-4),将碰撞后 $v_1=0$ 及 $v_2=v_{10}$ 视为理论值,把实验测得的 v_2' 与理论值 v_2 比较,并计算 e,与理论值 $e=1$ 做比较.

4. 进行不等质量完全弹性碰撞(令 $v_{20}=0$).在一个滑块上放置骑码(质量不可过大,且要对称放置,以保证对心碰撞),测出两滑块碰撞前后的速度,验证式(S18-5),将由式(S18-5)计算所得的碰撞后的速度 v_1 和 v_2 视为理论值,把实验测得的 v_1' 和 v_2' 与理论值比较,并计算 e,与理论值 $e=1$ 做比较.

5. 进行等质量完全非弹性碰撞(令 $v_{20}=0$).用两滑块粘有接合器的一端进行碰撞,测出滑块碰撞前后的速度,验证式(S18-7).为免除挡光片的差异,可用一个滑块上的挡光片进行碰撞前后的挡光计时.

将由式(S18-7)计算所得的碰撞后的速度 $v=\frac{v_{10}}{2}$ 视为理论值,把实验测得的 v' 与理论值 v 比较.

思考题

1. 若气垫导轨的水平调不准,将如何影响实验结果?

2. 为了实现对心正碰和完全非弹性碰撞,应注意哪些问题?

3. 在完全弹性碰撞情形下,当 $m_1\neq m_2$,$v_{20}=0$ 时,两个滑块碰撞前后的总动能是否相等呢?试根据你测得的数据验算一下,如果不完全相等,试分析产生误差的原因.

4. 在完全非弹性碰撞情形下,若取 $m_1=m_2$,v_{10} 和 v_{20} 都不等于零,而且方向相同,则由式(S18-1)和式(S18-6)可知 $v_{10}+v_{20}=2v$.试问:如果要验证这个公式,实验应当如何进行?

实验 19 用电流量热器法测定液体的比热容

知识点

单位质量的物体温度升高(或降低)1℃时所需要吸收(或放出)的热量称为该物质的比热容.测定物体比热容所依据的理论基础是物体的热平衡和能量守恒与转换定律.我们进行热学实验时必须做温度的测量,但是,由于对流、传导和辐射的作用,系统内各部分间及其环境的温度都在不断变化,造成物体或系统的温度不均匀,所以,物体或系统的温度只有在热平衡状态时才有意义.因此,用温度计测温度,一方面必须使物体或系统的温度达到平衡状态,另一方面也必须使物体或系统与温度计达到热平衡,否则所测温度就不准确. 同时在测量过程中,由于系统和环境的温度不同,不管是多么严密的"绝热"系统,也都不可避免地要发生热交换. 因此,精确地测定温度和尽量地减少系统和外界的热交换是提高量热测量准确度的关键,是热学实验应遵循的基本原则.

如图 S20-1 所示,在两只完全相同的电流量热器 1 和 2 中分别装有质量为 m_1 和 m_2、比热容为 c_1 和 c_2 的两种液体,液体中安置着阻值相等的电阻 R. 按图 S20-1 所示连接电路,然后闭合开关 S,则有电流通过电阻 R,根据焦耳定律,每只电阻产生的热量为

$$Q=I^2Rt$$

式中,I 为电流强度,R 为电阻丝的阻值,t 为通电时间.

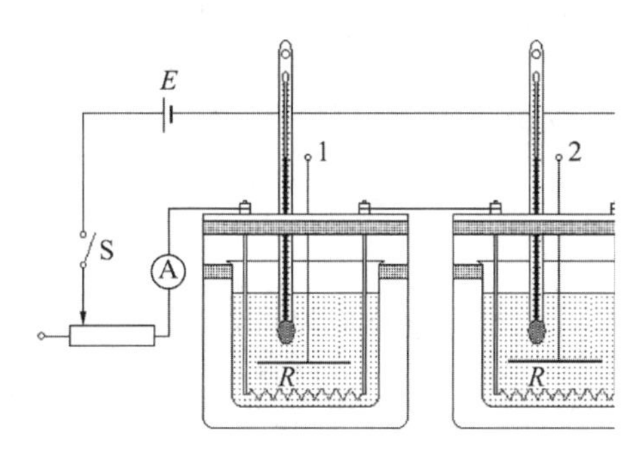

图 S20-1　测定液体比热容的装置

液体、量热器内筒、搅拌器和温度计等吸收电阻 R 释放的热量 Q 后,温度升高. 设两个量热器内初始平衡温度(包括附件等)分别为 t_1 和 t_2,加热终了的平衡温度分别为 t_1' 和 t_2',第一量热器和第二量热器(包括温度计和搅拌器)的水当量分别为 w_1 和 w_2[物体的水当量,是指与该物体具有相同热容量的水的质量. 例如,设物体质量为 m_x,比热容为 c_x,水的比热容为 c,则有 $c_xm_x=w_xc$,故物体的水当量 $w_x=\frac{c_xm_x}{c}$],水的比热容为 c,则第一量热器中物体所获得的热量为

$$Q_1=(c_1m_1+cw_1)(t_1'-t_1)=I^2Rt-q_1 \tag{S20-1}$$

第二量热器中物体所获得的热量为

$$Q_2=(c_2m_2+cw_2)(t_2'-t_2)=I^2Rt-q_2 \tag{S20-2}$$

式(S20-1)、式(S20-2)中,q_1 和 q_2 分别是第一量热器和第二量热器散失于外界的热量. 由于两量热器的构造及其外界条件基本相同,所以 q_1 与 q_2 几乎相等,$q_1-q_2\approx 0$,因此由以上两式,即可得到

$$c_1=\frac{1}{m_1}\left[(c_2m_2+cw_2)\frac{t_2'-t_2}{t_1'-t_1}-cw_1\right] \tag{S20-3}$$

式(S20-3)中的水当量 w_1,w_2 可按下述方法计算.

设铜制量热器和搅拌器的总质量为 m_0,已知铜的比热容 c_0 为 0.385 kJ/(kg·K),则它的热容量(即升高 1℃所吸收的热量)为 c_0m_0,因而它的水当量为 $0.092m_0$. 其次还应考虑温度计浸入液体的那一部分的水当量. 水银温度计是由玻璃和水银组成的,考虑到玻璃的比热容和密度的乘积与水银的比热容和密度的乘积近似相等,都等于 1.9×

10^3 kJ/(m^3 · K). 设温度计浸入液体部分的体积为 V，则对应体积的热容量近似为 1.9×10^3V，相应的水当量为 0.45×10^3V. 最后还要考虑电流导入棒的水当量 w_0，由于具体的装置不完全相同，w_0 的值由实验室给定. 将以上三部分相加，便可得到水当量为

$$w=0.092m_0+0.45\times10^3V+w_0 \tag{S20-4}$$

我们取比热容已知的水作为第二种液体，即 $c_2=4.182$ kJ/(kg · K)，如果称出水和待测液体的质量分别为 m_1 和 m_2，并测出温度 t_1，t_2，t_1' 和 t_2'，则根据式(S20-4)和式(S20-3)，便可算出待测液体的比热容 c_1.

在量热学实验中，经常使用量热器. 量热器采用双层套筒结构，外套筒用隔热较好的材料制成，以便减少热对流和热传导的损失. 尽管如此，筒壁与周围环境的热辐射的影响还是相当严重的，在要求较高的测量中，需要采用特殊方法进行修正. 在一般实验中，也要设法减小由此带来的误差.

按牛顿冷却定律，当温差不太大时(约 5℃)，系统向周围环境散失热量的速率与系统和环境的温度差成正比，即

$$\frac{\mathrm{d}q}{\mathrm{d}t}=K(T-\theta) \tag{S20-5}$$

式中，$\mathrm{d}q$ 是系统在 $\mathrm{d}t$ 时间内散失的热量；$\frac{\mathrm{d}q}{\mathrm{d}t}$ 称为散热速率；K 为散热常数，与系统表面的光洁度及系统表面的温度有关，与系统表面积成正比，并随着表面的热辐射本领而变；T，θ 分别是 t 时刻系统和环境的温度.

牛顿冷却定律比较严格，应用起来也比较繁杂，在一般不太精密的测量中，常用补偿法修正，即让系统从低于室温 θ 的初温 t_1 开始升温到 $t_2>\theta$，并且使 $t_2-\theta=\theta-t_1$，这样，系统从 t_1 升温到 t_2 的过程中，t_1-θ 的温变过程中系统从环境吸热，θ-t_2 的温变过程中系统向环境放热，因为 $t_2-\theta=\theta-t_1$，则可以近似地认为在热交换中前半段的吸热和后半段的放热大约相等而抵消，系统和外界的热交换相互得到补偿. 因此，设计实验时，最好使量热器的始末温度尽量接近环境温度. 例如，在环境温度上、下 5℃左右. 另外，要尽可能快地读取实验数据. 例如，用搅拌器使量热器很快达到平衡，快速而准确地读得所需温度，等等.

仪器和用具

直流稳压电源、水银、温度计、天平、滑动电阻器、量筒、电量热器、电流表、电吹风、待测液体等.

实验内容

1. 用物理天平称出量热器和搅拌器的质量 m_0、待测液体的质量 m_1 和水的质量 m_2.

2. 按照图 S20-1 连接电路，但不能合上开关 S. 把温度计插入量热器中(注意不

要接触到电阻 R)，记下未加热前的温度. 为了以后计算水当量，预先记下温度计浸入液体部分的刻度位置.

3. 合上开关 S(加热电流的数值由实验室给定)后，应不断晃动搅拌器，使整个量热器内各处的温度均匀. 待温度升高 5℃左右，切断电源，切断电源后温度还会有稍许上升，应记下上升的最高温度.

4. 根据步骤 2 所记下的刻度值，用 20mL 的量筒测出温度计浸入液体部分的体积 V.

5. 实验中的加热电阻和电流导入装置不能做到完全相同，会带来一些误差. 为此，在实验时要求将两电阻(包括电流的导入装置)对调，重复以上实验步骤，再测一遍(注意:对调时应该用清水将电阻及电流导入棒冲洗干净，并吹干).

6. 将上述两次测量的数值分别代入式(S20-3)、式(S20-4)，算出每次待测液体的比热容 c_1，然后取其平均值. 将待测液体的比热容与其标准值做比较，如果结果误差较大，试分析产生误差的原因.

思考题

1. 实验过程中，如果加热电流发生了微小的波动，是否会影响测量结果? 为什么?

2. 实验过程中，量热器不断向外界传导和辐射热量，这两种形式的热量损失是否会引起系统误差? 为什么?

3. 如果待测液体是导电的，您认为本实验装置应如何改动，方可进行实验?

4. 如果待测液体的比热容约等于水的一半值，你认为选择质量 m_1 和 m_2 时，其比值取多少为佳? 为什么?

理想气体状态方程的研究

知识点

一、理想气体状态方程和气体三定律

一般气体在温度不太低、压力不太大时，可近似地当作理想气体. 平衡态时，理想气体的状态方程为

$$pV=\frac{M}{\mu}RT \tag{S21-1}$$

式中，M 为气体的质量；μ 为气体的摩尔质量；$\frac{M}{\mu}$为气体的摩尔数；R 为摩尔气体常数，$R=8.31441\text{J}/(\text{mol}\cdot\text{K})$. 式(S21-1)通常也被称为**克拉珀龙方程**.

由式(S21-1)可得到，一定质量的气体等温变化时，有 $p_1V_1=p_2V_2=pV=$常数；等压变化时，有$\frac{V_1}{T_1}=\frac{V_2}{T_2}=\frac{V}{T}=$常数；等容变化时，有 $\frac{p_1}{T_1}=\frac{p_2}{T_2}=\frac{p}{T}=$常数. 对一定类别的气体，式(S21-1)也可表示为$\frac{p_1V_1}{T_1}=\frac{p_2V_2}{T_2}=\frac{pV}{T}=$常数.

由理想气体状态方程(S21-1)可以看出，在 p,V,T 这三个状态参量中，如有两个参量被确定，可求出第三个状态参量，则气体的状态便已确定.

二、J2257 型气体定律演示器

J2257 型气体定律演示器由定压气体温度计、控温线路以及体积、压强测定计三部分组成. 它们同附在一块支撑木板上，并装在一个长方形木盒里. 使用时，可把支撑木板竖立起来，如图 S21-1 所示.

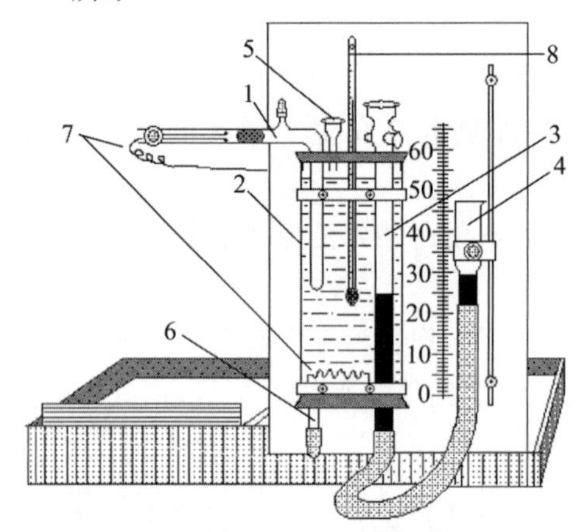

1—定压气体温度计　2—储水玻璃管　3—体积、压强测定计　4—注水银漏斗
5—注水漏斗　6—放水口　7—接温控器导线和电炉丝　8—酒精温度计

图 S21-1　J2257 型气体定律演示器

1. 定压气体温度计(图 S21-2).

AA'是一端封闭的玻璃管，开口端用胶管与 BB'玻璃管连通. BB'上有一个加装水银的小口，平时用橡胶帽盖住，BB'左端与大气相通.

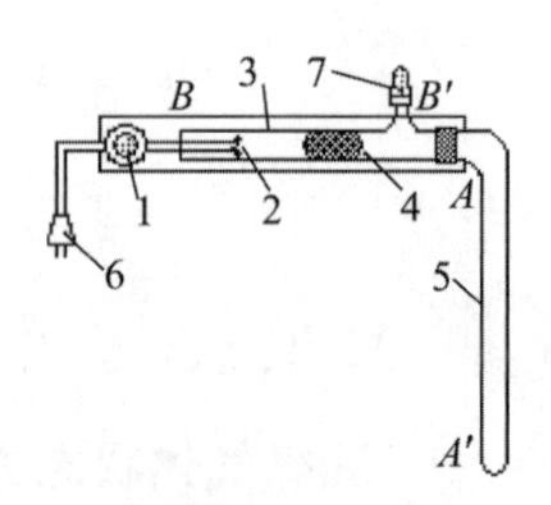

1—控制旋钮　2—金属触片
3—控温臂管　4—水银滴
5—玻璃竖管　6—电源插头
7—注水银口

图 S21-2　定压气体温度计

水银滴的右端则构成密闭容器. AA'受热，使管内气体膨胀，推动水银滴向左移动，其右侧压强 p_1 与左侧大气压强 p_0 相等($p_1=p_0$)时，水银滴停止移动. 降温时，AA'中气体收缩，使水银滴右移. 当两侧压强相等($p_2=p_0$)时，水银滴停止移动.

在整个测量过程中，AA'中的气压 p 始终与大气压强

p_0 相等. 而每一温度值,表现为水银滴的一个特定位置.

由于控温臂上没有刻度,所以实验时必须与其他温度计(如酒精温度计)配合使用. 把 AA' 与酒精温度计同插在水中,如果温度指示为 20℃,则水银滴的停留位置可标记为 20℃.

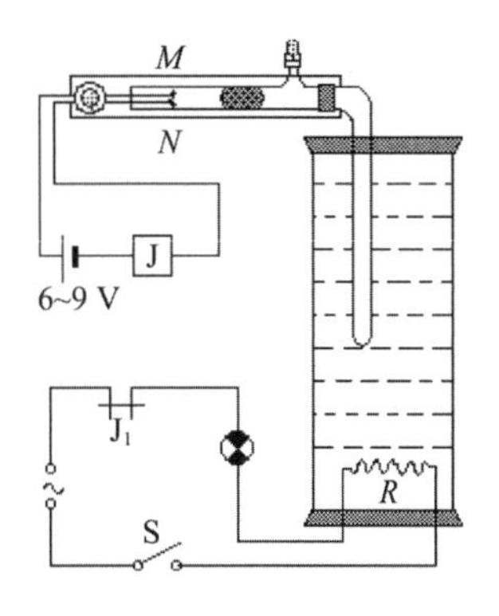

图 S21-3　控温线路

2. 控温线路(图 S21-3).

接通开关 S,电热丝 R 通过继电器的常闭触点 J_1 接入电源开始加热,同时指示灯亮.

随着温度升高,气体温度计的水银滴左移. 当温度升至某一温度 t 时,水银滴与触点 M,N 接触,使继电器线圈绕组电路导通,继电器做吸合动作,常闭触点 J_1 断开,指示灯灭,加热停止.

当温度下降时,水银滴右移,一旦离开触点 M,N 时,继电器绕组电路就被切断. 继电器复位,常闭触点 J_1 再度闭合,电热丝导通加热. 如此,达到自动控温的目的. 调节触针旋钮,使触点 M,N 在不同位置上,就能控制不同的温度.

3. 体积、压强测定计(图 S21-4).

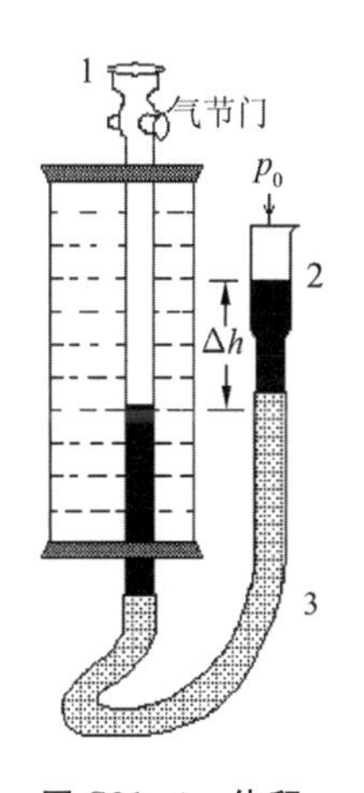

图 S21-4　体积、压强测定计

一支带气节门的长玻璃管 1(简称"管 1")和长颈漏斗 2(简称"管 2")由橡胶管 3 连接,构成 U 形管. 水银从管 2 口灌入.

管 1 气节门打开,U 形管两端均与大气相通,两管水银液面相平,其高度差 Δh 为零.

关闭管 1 的气节门,将管 2 提高,管 1 内空气被压缩,气柱变短,体积减小,气压增加到 p,这时,p 与大气压 p_0 之差等于管 2 与管 1 水银面高度差 Δh,$\Delta h=p-p_0$. 当把管 2 降低时,则 $p<p_0$,此时 $p=p_0-\Delta h$.

管 1 内径上下一致,令其截面积 S 为 1,则气柱体积 V 在数值上与长度 L 相等,即 $V=L$.

管 1 外是盛水玻璃管,内装有电热丝,当水被加热时,热量也传递给管 1 内的气柱. 达到热平衡时,气柱的温度 t 与水温 t' 相等,即 $t=t'$.

这样,通过测量 U 形管水银面的高度差 Δh,可确定气柱的压强 p;通过测量气柱长度 L,可确定气柱的体积 V;通过测量水温 t',可确定气柱的温度 t.

由此,我们可以研究密闭气体的压强 p、体积 V、温度 t 三者之间的关系.

仪器和用具

JJ2257 型气体定律演示器、大气压强计、低压电源、酒精温度计、凡士林、吸管、烧杯等.

实验内容

一、正确使用仪器

1. 把仪器测量部分竖直架起. 为保证仪器稳定度，可将电源放在仪器盒上兼作压重物.

2. 在管1(图S21-4)的气节门上涂一薄层凡士林，以免实验装置漏气.

3. 把盛水管的下出水口关闭，从上进水口注入净水，使水面升至距橡胶塞约1cm处.

4. 把管1的气节门打开，将管2的上口固定在标尺28cm处. 从管2注入水银，使水银面升到标尺20cm处. 待两管液面水平后关闭气节门.(思考：为什么要打开气节门才可注入水银?)

5. 拔掉BB'(图S21-2)上的橡胶帽，用吸管往注水银口处滴入水银，使水银滴在BB'中长约1cm. 将水银滴调整到控温臂管标有t_0的位置，塞好橡皮帽，勿使此处漏气.

6. 把酒精温度计插入盛水管的水中，将整个控温臂水平地装在标尺板上. 按图S21-3所示连接控温线路(气体温度计的金属触片所处位置不同，代表控制温度不同，实验前最好需核校一下什么位置代表多少温度，该工作比较繁琐，我们可以直接观察酒精温度计实现人工读温，而恒温控制则由控温器实现).

二、实验内容

1. 研究等温过程.

不加热，在常温下慢慢升降管2(升降管2要慢，是为了防止气柱温度变化). 记下每次位置的气柱长度L和水银面高度差Δh，计算pV值(注意：$p=p_0+\Delta h$)，给出结论.

2. 研究理想气体状态方程.

调整管1与管2，使两管水银面都在刻度20cm处. 给气柱加热，在每一特定温度t下测定气柱的p,V值，计算$\dfrac{pV}{T}$值，给出结论.

3. 研究等容过程.

在加热过程中，慢慢调节管2，保持气柱L值不变，测得t和与t相应的p值，计算$\dfrac{p}{T}$值，给出结论(此实验可与上面"研究理想气体状态方程"同时进行).

4. 研究等压过程.

在加热过程中，慢慢调节管1和管2，使两管水银面相平($\Delta h=0$)，这时管1内气柱的压强在本实验过程中是不变的($p=p_0$)，记录V,T值，计算$\dfrac{V}{T}$值，给出结论(此实验可与上面“研究理想气体状态方程”同时进行).

注意事项:(1) 不要在U形管两管液面不水平的情况下突然打开气节门;否则,会使水银溢射出来.(2) 实验完毕,若要将水银取出,应将管2放至初始位置,使U形管两管水银液面相平后,打开气节门,缓缓降低管2,将水银倒出.因水银是毒品,手上若有伤口切勿触及.散落的水银要尽量收集起来.对无法收集的残余水银,应撒上硫磺粉,待其硫化后,收集埋掉.回收的水银要装瓶加盖,存放在阴凉处.(3) 若要将仪器收入盒中,应当将仪器擦净、晾干,以免金属部分生锈.

思考题

如何用本仪器测定大气压强 p_0?

提示:在水温与室温相同的情况下进行(或将水放空).将管1置于刻度板28cm处,打开管1的气节门,缓缓提高管2,使管1中的水银液面从气节门中溢出一点(但不要溢出上方的管口).这时,管1中的气体全部排出.关闭气节门,勿使漏气.缓缓下移管2,待管1中出现约2 cm的托里拆利真空柱时为止.此时两管水银面高度差就是当地的大气压强 p_0 值,即 $\Delta h = p_0$.

第5章　实践制作

实践制作的内容是为了配套学校"应用物理学"课程教学改革的课外"物理制作活动周"而编写的.学生们自己组成作品制作小组,根据这部分的内容介绍,查阅相关文献,对相关作品设计制作方案,教师和物理创新实验室的学长们进行指导和论证.作品制作中所需工具等,可以到物理创新实验室借用.

制作1　磁悬浮技术的应用

一、简介

磁悬浮技术利用磁场力克服重力,使一些元件悬浮在空中,可以避免机械摩擦,它在一些工程领域有广阔的应用前景.小型的磁悬浮产品在日常生活中越来越多,比如磁悬浮遥控器、磁悬浮灯泡/LED灯、磁悬浮盆栽等.这些小型的磁悬浮产品,富有科技感,具有极强的视觉冲击.下面介绍小型磁悬浮产品的基本原理.

二、基本原理

小型磁悬浮系统主要包括一块环状永磁体、四个电磁铁(线圈)、三个霍尔传感器以及一个磁悬浮浮子.

如图Z1-1所示,下方是环状永磁体,上方是浮子.左侧显示了两个磁铁磁极的分布情况.在两个磁铁同极相对的情况下,其受力分析如图Z1-1上方所示,并可以等效

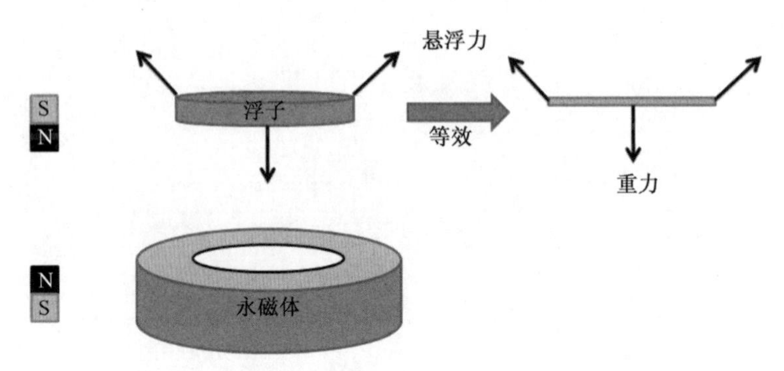

图Z1-1　小型磁悬浮系统受力平衡与力矩平衡示意图

为右侧的受力图.浮子受到向下的重力以及来自永磁体的斜向上方向的排斥力.从浮子的受力分析可知,当浮子高度合适时,有可能实现浮子受力平衡以及力矩平衡.但这种平衡是非稳定平衡.一个小小的外界的扰动(如气流吹动),浮子就可能会向左或向右微微移动.这种微弱移动会导致浮子受到一个偏转力矩,从而破坏悬浮的平衡条件.

如何保持一个稳定的磁悬浮系统呢?

一种可行的解决办法是:将浮子旋转起来,利用刚体旋转时转轴方向不容易被改变的特性(具体原理可参考陀螺进动),增强浮子的稳定性.这种方法对浮子重量空间分布及重量大小要求比较严格,并且随着时间的推移,空气的摩擦阻力最终会使浮子的转速减慢,浮子逐渐歪斜,破坏平衡条件.

更稳妥的方式通常还要辅助一套实时调节系统.在环状永磁体中心空白区域,可对称地放置两对电磁铁.图 Z1-2 为磁悬浮系统侧视图,其中的一对电磁铁是串联在一起的,线圈中的电流由单片机控制.当这对电磁铁线圈中通入电流时,就可以对浮子产生一个额外的力矩.图 Z1-3 为磁悬浮系统俯视图.

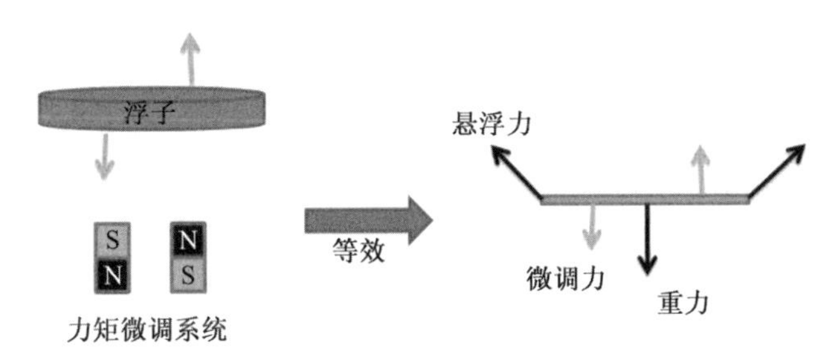

图 Z1-2　磁悬浮系统侧视图:单片机控制的力矩微调系统

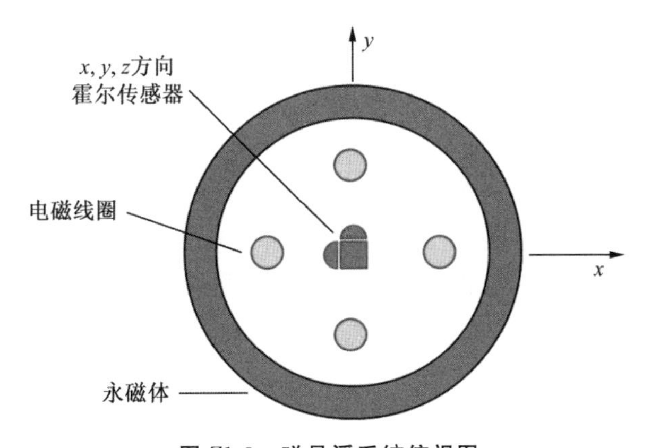

图 Z1-3　磁悬浮系统俯视图

我们通过对浮子与环状永磁体中间区域磁感应强度大小的测量(可利用霍尔元件),来判断浮子是否处于稳定状态.霍尔元件处于中心区域,可同时测量三个方向的磁场.当判断出浮子受到微扰会有某方向的偏转趋势时,立即利用下方电磁铁力矩微调系统来抵消微扰的作用,从而实时保持浮子的平衡.

三、拓展应用

磁悬浮技术在不少小型科技作品中得到了应用.常见的如磁悬浮灯泡、磁悬浮花盆等.图 Z1-4 为一款市面有售的磁悬浮灯泡.该产品除了利用了磁悬浮技术以外,还使用了无线供电技术,使灯泡在悬浮的状态下,无需直接连通电源,就可以被点亮.

图 Z1-4　磁悬浮灯泡

四、参考文献

[1] 王青.一种托举式磁悬浮装置的模型仿真与实现[J].国外电子测量技术,2019,38(9): 117－120.

[2] 缪文南.基于无线供电的新型磁悬浮 LED 灯的研制[J].电子测量技术,2019,42(3):112－115.

[3] 陈泳龙,凌虎,毛丽萍.斥力型磁悬浮控制系统设计[J].中国科技信息,2019,15:89－90.

一、简介

驻波是自然界中一种十分常见的现象,如水波、乐器发声等都与驻波有关.常见的管乐器就是利用了管中的驻波进行发声,这是因为声波的入射波和反射波可以在局部空间形成驻波,简称声驻波.但由于声驻波肉眼不可见,并不能直观地被同学们观察到.这里介绍了一种声驻波生成及演示装置,可通过在玻璃管中放入颗粒均匀的轻质泡沫颗粒,使玻璃管中的驻波得到具体显现.

二、基本原理

驻波的基本原理在大学物理教材中有详细的描述,这里仅做简单介绍.

假定声源的振动方程呈余弦规律变化,则声场空间中声波的波动方程可写为

$$y_1 = A\cos(\omega t - kz)$$

式中,y_1 为在声波作用下质点的振动位移;A 为质点的振动振幅,它等于声源的振动振幅;ω 为质点振动的角频率($\omega = 2\pi f$,f 为声波的频率);k 为波数($k = \omega c$,c 为媒质中声波的传播速度);z 为声波传播方向的坐标.

当声波传播至反射面时，将发生反射现象. 声波从波疏介质射向波密介质时的反射过程中存在半波损失，即在分界面处，反射波与入射波有 π 的相位突变，反射波的振动方向与入射波的振动相差半个周期. 因此，反射波的波动方程可写为

$$y_2 = -A\cos(\omega t + kz)$$

将上两式叠加得到在入射波和反射波共同作用下的声场空间中的波动方程，即驻波声场的波动方程为

$$y = y_1 + y_2 = 2A\sin(\omega t)\sin(kz)$$

将上式对时间 t 求导，即可得到媒质质点的速度方程，即

$$v = 2A\omega\sin(kz)\cos(\omega t)$$

根据理想流体媒质的三个基本方程中的运动方程可知声场中声压 p 和质点速度 v 之间的关系，即

$$v = v_0\sin(kz)\cos(\omega t),\ p = -p_0\sin(\omega t)\cos(kz)$$

式中，v_0 为媒质质点振动速度的幅值，$v_0 = 2A\omega$；p_0 为声场中声压幅值. 如图 Z2-1 中的上方所示，在声场中空气质点位移较大处为波腹，该点空气质点较疏、声压较小；在空气质点位移较小处为波节，空气质点较密、声压较大. 图中的下方为声压驻波示意图，线密处表示声压大，线疏处表示声压小.

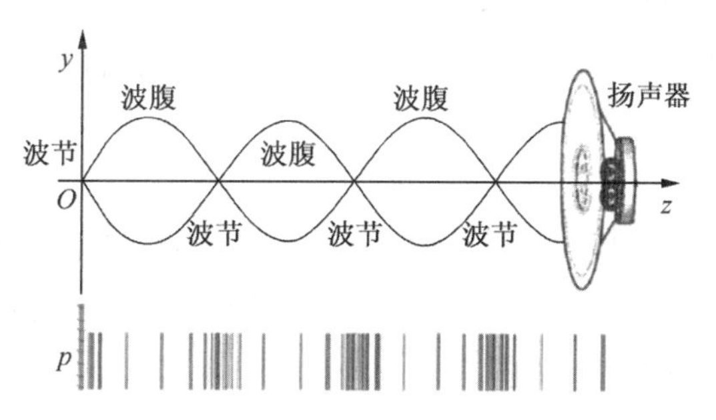

图 Z2-1　位移与声压驻波示意图

由于相邻波腹或波节间的距离为半个波长，因此根据波形，可以测出波长 λ，驱动频率 f 可由信号发生器得知，这样，由 $u = \lambda f$，即可求出声音在空气中的传播速度. 利用上述原理，1866 年，德国科学家昆特（A. Kundt，1839—1894）通过测量长管中声驻波波节间距离的方法测量气体中的声速，后人把这类实验称为昆特管实验. 近年来，昆特管实验被用以演示声驻波. 实验装置的主体如图 Z2-2 所示（形成驻波时，其内部媒介物质的振动包络线可看作是图 Z2-1 中的驻波波形）. 一段水平放置的透明长（有机）玻璃圆管，其一端连接到一个大功率喇叭口处，另一端封闭，玻璃圆管内的下部放入一些轻质泡沫小球. 调节喇叭的激励频率，当 $\frac{1}{4}$ 声波波长的整数倍等于玻璃圆管的长度时，玻璃圆管内将激发出声驻波，泡沫小球将集中到驻波波腹区域，同时，泡沫小球将呈现出精细结构，在垂直圆管轴线的方向上出现如图 Z2-3 所示动态而稳定的片状分布. 精细结构涉及声波模式的叠加，这里不展开叙述.

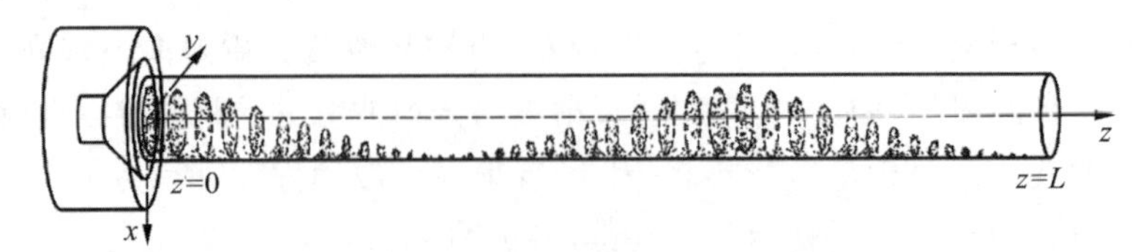

图 Z2-2　昆特管声驻波现象简图

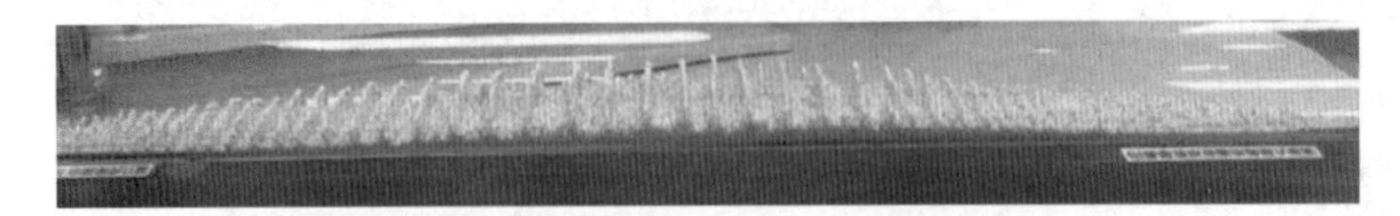

图 Z2-3　声驻波实物演示图

实验装置中包括主控制器、放大电路、扬声器、玻璃管以及多个压力传感器，主控制器、放大电路、扬声器、玻璃管依次相连接，多个压力传感器位于玻璃管上部的不同位置，并且压力传感器与主控制器相连接. 主控制器用于控制放大电路产生声波. 还可以从这些压力传感器获取多个位置的压力值，由此得到玻璃管中不同位置的气体压力数值. 放大电路用于产生电信号，并输入扬声器中，扬声器再将声波输入玻璃管中. 玻璃管中装有一定量的泡沫颗粒. 当声波在玻璃管中传播时，会在玻璃管的另一端反射回来，与发出的声波相互叠加形成驻波. 此时，不同位置的气体压强不一样，其中，波腹点处气体的压强最小，泡沫被吸起，而波节点处的泡沫则保持静止.

三、拓展应用

声驻波实验装置可以用于测量不同气体的内部声速或测量气体的性质. 在工程和建筑领域，某些需要消除特定频段驻波影响的区域，该实验装置可提供实验验证功能. 除此以外，声驻波现象还可以被应用于声悬浮(图 Z2-4). 该技术可用于药品生产和传输等领域.

图 Z2-4　声悬浮器产生使液滴悬浮的声驻波

四、参考文献

[1] 路峻岭，秦联华，傅敏学，等. 昆特管实验原理分析[J]. 大学物理，2015，34(8)：23－27.

[2] 王群，董平，刘淑娥，等. 部分充满液体昆特管的实验原理探析[J]. 贵州教育学院学报：自然科学版，2009，20(12)：10－13.

[3] 朱怡，房毅. 驻波声悬浮中对悬浮小物件的操控研究[J]. 物理实验，2019，39(6)：50－54.

[4] 夏春华. 一种使纵波产生驻波演示装置的实现[J]. 山西电子技术，2014，(6)：3－4.

电容传感器测角度、位移实验

一、简介

在工业、民用等工程应用场合，经常需要对角度和位移两个物理量进行测量. 电容传感器因具有阻抗高、功耗低、性能稳定等优点，常常成为被采用的传感器之一. 电容是重要的一种电学元件. 电容的大小与电容相对面积、极板间介质以及电容两极板（电极）之间的距离有关. 这里介绍利用可变电容来测量角度和位移的原理.

二、基本原理

一对电极板组成的电容的大小为 $C=\frac{\varepsilon S}{d}$. 式中，$S$ 为电极板相对面积，d 为电极板之间间距，ε 为电极板之间介质的介电常数. 如图 Z3-1 所示，常用可变电容器包含两组电极板. 一组固定不动的电极板被称为定片，另一组可旋转或移动的电极板被称为动片. 电容传感器通常利用电极板相对面积的变化，来达到改变电容大小的目的. 因此，可变电容大小随着动片的旋转（或移动）可以连续改变. 通过电路实时测量电容大小的变化，反推出电极板相对面积如何变化. 最终，由电极板相对面积的变化获得角度信息或位移信息.

图 Z3-1　可变电容器示意图

这里首先介绍简易型角度传感器制作，如图 Z3-2 所示，其主要包括两块半圆形电极板以及相应的电容测量电路，并在定极板和动极板的边缘各自附上一个长条型机械臂. 未测量之前，定极板与动极板相对的面积正好就是半圆的面积，此时电容值最大，设为 C_0. 当动极板开始旋转时，两机械臂之间形成夹角 θ. 根据测量对象的不同，机械臂的形状和位置需做相应变化. 根据电容计算公式，可以得到此时两电极板之间的电容值为

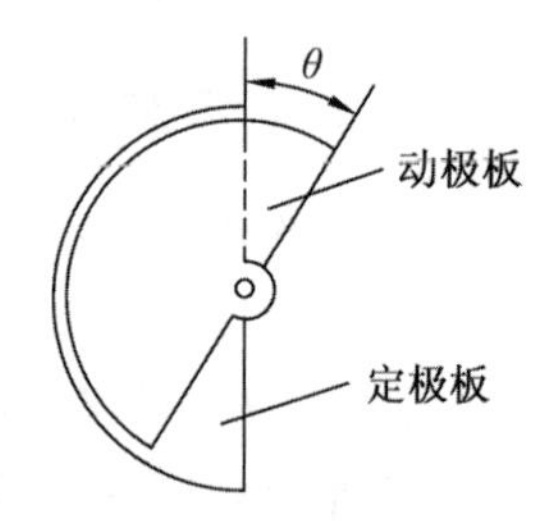

图 Z3-2　简易电容角度传感器示意图

$$C=\frac{\varepsilon S\left(1-\frac{\theta}{\pi}\right)}{d}=C_0\left(1-\frac{\theta}{\pi}\right) \tag{Z3-1}$$

通过测量电路，可以实时获得电容的改变量为

$$\Delta C=C-C_0=-C_0\ \frac{\theta}{\pi} \tag{Z3-2}$$

因此，电容的改变量正比于旋转的角度 θ. 图 Z3-3 显示的是无锡职业技术学院基础部创新实验室的学生自己制作的角度传感器设计图与实物图.

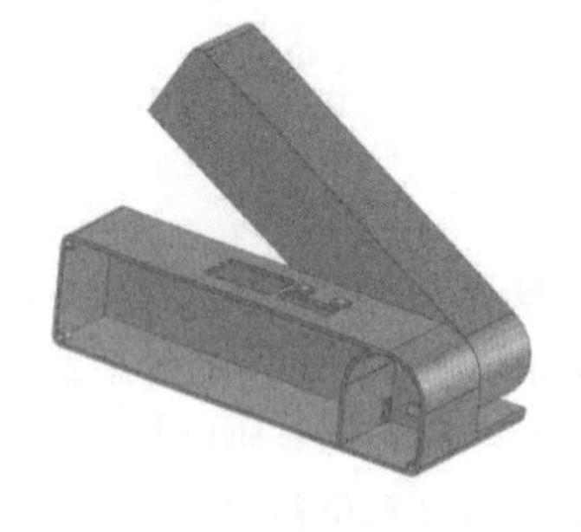

图 Z3-3　角度传感器设计图与实物图

图 Z3-4 显示的是简易电容位移传感器示意图. 两块电极板，一块固定不动，作为定极板；另一块在特定方向上可以移动，作为动极板. 当两块电极板完全相对时，电容最大，设为 C_0. 若动极板相对定极板有一定位移 Δx，此时电容将减小. 并且电容的变化与位移 Δx 之间呈线性关系，即 $\Delta C=-\frac{\Delta x}{a}C_0$.

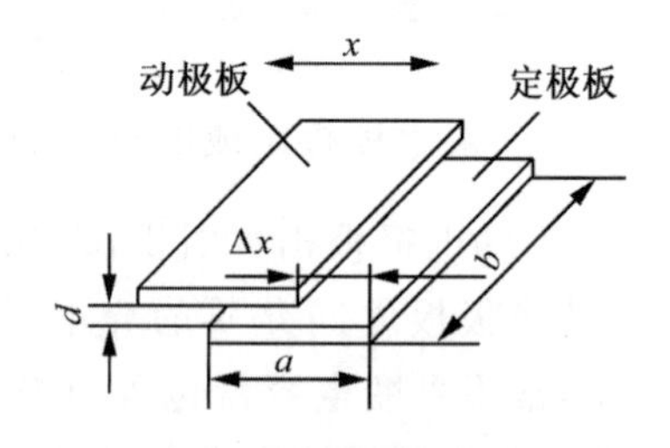

图 Z3-4　简易电容位移传感器示意图

在上述电容传感器制作过程中，还需要留意电容传感器的灵敏度. 比如电容位移传感器，当动极板移动时，$\frac{\Delta C}{\Delta x}=-\frac{\varepsilon b}{d}$. 可以看到灵敏度与电极板间距 d 呈反比，与电极板长度 b 呈正比. 事实上，一方面，电极板越大，成本越高；另一方面，由于受到电容器击穿电压的限制，电极板间距也不能随便减小. 因此，在实际制作过程中，应保证在满足各种限制条件的前提下，提高传感器的灵敏度.

电容传感器的传统电容测量电路如图 Z3-5 所示. 这是一个基本的运算放大器式电路,它由传感器电容 C_x、固定电容 C_0 及运算放大器 A 组成. 其中 U_S 为电源电压,U_0 为输出电压. 通过计算可以得到 $\dot{U}_0=-\frac{\dot{U}_S C_0}{C_x}$. 此外,还可以利用各种电桥电路进行电容的测量.

图 Z3-5　传统电容测量电路

三、拓展应用

除了传统的变面积型电容传感器,还有变间隙型电容传感器以及变介质型电容传感器等类型. 电容式传感器具有结构简单、耐高温、耐辐射、分辨率高、动态响应特性好等优点,因此被广泛用于压力、位移、加速度、厚度、振动、液位等测量中.

四、参考文献

[1] 王家鑫,李希胜. 新型角度电容传感器[J]. 仪表技术与传感器,2007,(6):3－5.

[2] 张宇轩,陈少华,张一弛,等. 基于同极联动结构的一种角度/位移电容传感器[J]. 大学物理实验,2018,31(4):13－16.

[3] 毛朝弟. 无摩擦力电容式角度传感器的研制[J]. 新技术新工艺,1996,(3):21－22.

门多西诺电机

一、简介

门多西诺电机(图 Z4-1)是一种以太阳能为动力的磁悬浮电动机,它最早是由美

图 Z4-1　门多西诺电机实物图

国发明家拉里·斯普林于1992年发明的.因其发明地位于美国加利福尼亚州的门多西诺县,故此得名.

二、基本原理

(一)基本结构

门多西诺电机由转子和底座两部分构成(图Z4-2).利用六组环形永磁钕铁硼磁铁间产生的排斥作用力,将转子托起悬浮在空中.在维持悬浮的基础上,利用阳光照射太阳能板生成电流,通电线圈在磁场中产生安培力推动转子旋转.转子在旋转过程中,可以粗略认为只有正对阳光的那块太阳能板处于输出状态,使相应的某个线圈中出现了电流.而转动使得被阳光照射的太阳能板不断变化,出现电流的线圈也不断变化.但是通过设计能保证:有电流通过的线圈,其中的电流绕行方向是固定的,线圈相对磁场的位置也是固定的,光源位置固定及内部线路连接的巧妙结合起了碳刷的换向作用.这也是门多西诺电机的标志特色之一.

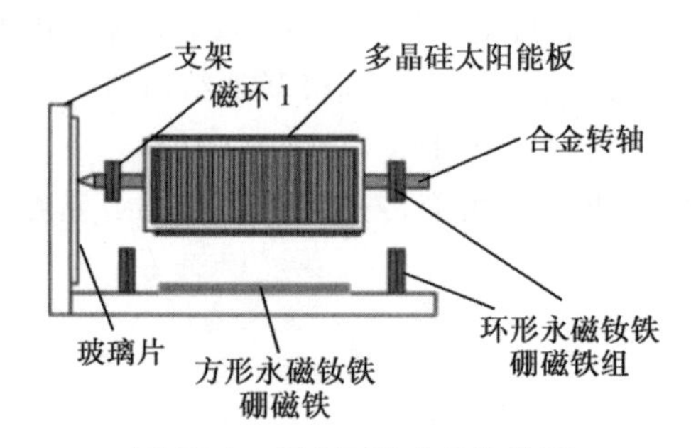

图Z4-2 门多西诺电机构造图

(二)主要组成及工作原理

本装置主要分为两大块:转子、线圈的绕制和电路的连接.

1. 线圈的绕制和电路的连接.

长方体转子内部包括两组线圈.绕制线圈时要使长轴两边的匝数相等,以便于转子转动时保持平衡.直流电机的匝数取舍比较困难.若匝数多,线圈内电流小,且转子过重,电机启动困难;若匝数少,电流产生的力矩偏小.建议选择匝数为50~100匝.铜丝也应该选择粗一些为好,这样能减小线圈内阻,增大电流.

如图Z4-3所示,当太阳能板A_1正对太阳时,会产生较大的电流,A_2,B_1,B_2则处于背阴面,几乎不产生电流,A_1产生的大电流在线圈1中受到底部方形永磁钕铁硼磁铁磁场的作用,上下位置的安培力产生两个方向相反的力矩,带动转子旋转.连接电路时我们将相对的两块太阳能电池板并联起来,与线圈的两端相连.安排线路时,首先,要保证正对太阳的电池板所产生的电流恰好通过处于竖直平面内的线圈,这样才能使安培力的力矩最大,促进转子的转动.其次,要保证转子转动过程中两个线圈通电时电流的绕行方向相同,这样才能使安培力的力矩始终促进转子的运动.

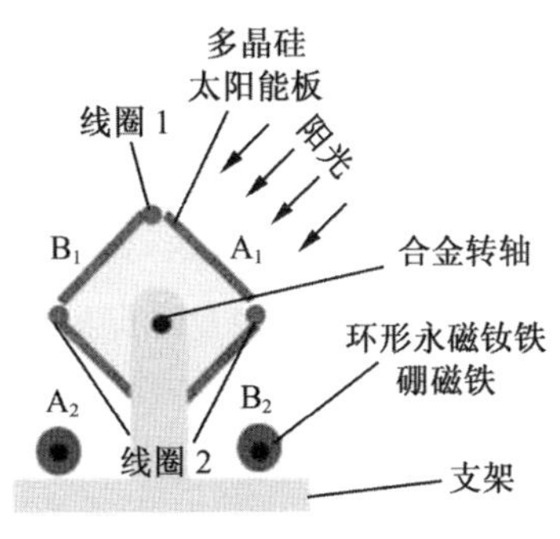

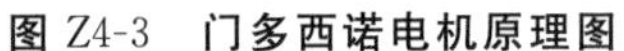
图 Z4-3　门多西诺电机原理图

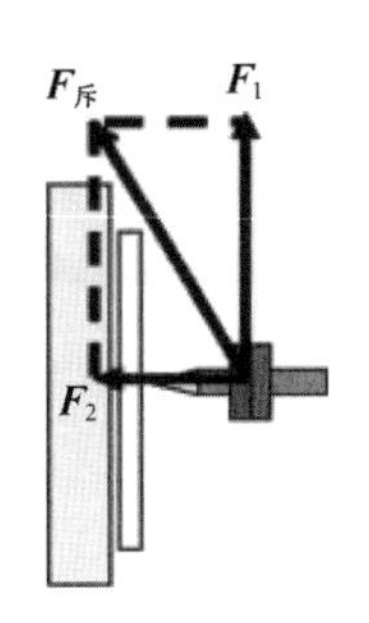

图 Z4-4　转轴平衡的力学分析

2. 转子悬浮的调试.

选择合金轴或者木质轴的目的是为了消除轴本身对磁场的影响.使转子在磁场的作用下稳定地悬浮在空中,是本装置成功的关键之一.单独的两块磁铁同性相对,产生的悬浮效果极不稳定,而且磁铁容易发生翻转,相互吸附在一起.因此,该装置采用一种类似三脚架的模式设计.将磁铁分为两层,下面一层放置两个环形磁铁,两磁铁相距一定的距离,这样在其上方就形成一个类似于碗状的磁场形态.将另一个环形磁铁放置于上方,使其正好处于"碗的底部",则系统的稳定性将大为加强.我们用两套这样的磁铁,分别装配于转子的两端,使轴保持悬浮.但仅仅使转子被托起,转子不可能稳定悬浮.此时沿轴线方向转子非常脆弱,哪怕一丝丝扰动,都可能使转子失去平衡.为此,如图 Z4-4 所示,我们使磁环1沿轴方向稍稍与底座磁铁相偏离,这样磁环1受到底座磁铁的斥力偏向左上方,在水平轴线方向产生一个分力,将整个转子向支架方向推,这时我们在支架上加上一块竖直的光滑玻璃,使转轴的尖端点靠在这块玻璃上.这样做使转子转动时受到一定的摩擦力作用,并且这个微小的摩擦力保证了整个装置的稳定.

三、拓展应用

门多西诺电机所使用的材料普通,结构简单,制作工艺要求也不高,它是一个有趣的科学项目,包含了大多数电动机的运行原理.学生通过该项目的制作,可从根本上理解电机的基本原理,强化对电磁场的认识.由于门多西诺电机只需要太阳光来提供能量,所以在航空、太空领域具有一定的应用潜力.

四、参考文献

[1] 徐金杰.门多西诺电机的制作及原理分析[J].教学仪器与实验,2013,29(10):38—39.

附 录

附录1 中华人民共和国法定计量单位

我国的法定计量单位包括：

(1) 国际单位制(SI)的基本单位(附表 1-1).

(2) 国际单位制的辅助单位(附表 1-2).

(3) 国际单位制中具有专门名称的导出单位(附表 1-3).

(4) 可与国际单位制并用的我国法定计量单位(附表 1-4).

(5) 由以上单位构成的组合单位.

(6) 由词头和以上单位构成的十进倍数和分数单位(词头见附表 1-5).

附表 1-1　国际单位制的基本单位

量的名称	单位名称	单位符号
长度	米	m
质量	千克(公斤)	kg
时间	秒	s
电流	安[培]	A
热力学温度	开[尔文]	K
物质的量	摩[尔]	mol
发光强度	坎[德拉]	cd

注：(1) 圆括号中的名称，是它前面的名称的同义词，下同.

(2) 无方括号量的名称与单位名称均为全称. 方括号中的字，在不会引起混淆、误解的情况下可省略. 去掉方括号中的字即为其名称的简称，下同.

(3) 本标准所称的符号，除特殊指明外，均指我国法定计量单位中所规定的符号以及国际符号，下同.

(4) 日常生活和贸易中，习惯把质量称为重量.

附表 1-2 国际单位制的辅助单位

量的名称	单位名称	单位符号
[平面]角	弧度	rad
立体角	球面度	st

附表 1-3 国际单位制中具有专门名称的导出单位

量的名称	单位名称	单位符号	导出单位表示
频率	赫[兹]	Hz	s^{-1}
力	牛[顿]	N	$kg \cdot m/s^2$
压力，压强，应力	帕[斯卡]	Pa	N/m^2
能[量]，功，热量	焦[耳]	J	$N \cdot m$
功率，辐[射能]通量	瓦[特]	W	J/s
电荷[量]	库[仑]	C	$A \cdot s$
电位，电压，电动势，(电势)	伏[特]	V	W/A
电容	法[拉]	F	C/V
电阻	欧[姆]	Ω	V/A
电导	西[门子]	S	Ω^{-1}
磁通[量]	韦[伯]	Wb	$V \cdot s$
磁通[量]密度，磁感应强度	特[斯拉]	T	Wb/m^2
电感	亨[利]	H	Wb/A
摄氏温度	摄氏度	℃	K
光通量	流[明]	lm	$cd \cdot sr$
[光]照度	勒[克斯]	lx	lm/m^2
[放射性]活度	贝可[勒尔]	Bq	s^{-1}
吸收剂量	戈[瑞]	Gy	J/kg
剂量当量	希[沃特]	Sv	J/kg

附表 1-4 可与国际单位制并用的我国法定计量单位

量的名称	单位名称	单位符号	换算关系和说明
时间	分 [小]时 日	min h d	1 min=60 s 1 h=60 min=3600 s 1 d=24 h=86400 s
[平面]角	[角]秒 [角]分 度	″ ′ °	$1''=(\pi/648000)$ rad(π 为圆周率) $1'=60''=(\pi/10800)$ rad $1°=60'=(\pi/180)$ rad

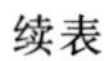

续表

量的名称	单位名称	单位符号	换算关系和说明
旋转速度	转每分	r/min	1 r/min=(1/60)s^{-1}
长度	海里	n mile	1 n mile=1582 m(只用于航行)
速度	节	kn	1 kn=1 n mile/h=(1582/3600) m/s(只用于航行)
质量	吨 原子质量单位	t u	1 t=10^3 kg 1 u≈1.660540×10^{-27} kg
体积	升	L	1 L=1 dm^3=10^{-3} m^3
能	电子伏	eV	1 eV≈1.602177×10^{-19} J
级差	分贝	dB	
线密度	特[克斯]	tex	1 tex=10^{-6} kg/m

附表 1-5　用于构成十进倍数和分数单位的词头

因　数	词头名称		符　号
	中　文	英　文	
10^{24}	尧[它]	yotta	Y
10^{21}	泽[它]	zetta	Z
10^{18}	艾[可萨]	exa	E
10^{15}	拍[它]	peta	P
10^{12}	太[拉]	tera	T
10^{9}	吉[咖]	giga	G
10^{6}	兆	mega	M
10^{3}	千	kilo	k
10^{2}	百	hecto	h
10^{1}	十	deca	da
10^{-1}	分	deci	d
10^{-2}	厘	centi	c
10^{-3}	毫	milli	m
10^{-6}	微	micro	μ
10^{-9}	纳[诺]	nano	n
10^{-12}	皮[可]	pico	p
10^{-15}	飞[母托]	femto	f
10^{-18}	阿[托]	atto	a
10^{-21}	仄[普托]	zepto	z
10^{-24}	幺[科托]	yocto	y

附录2 基本物理常数

真空中的光速 $c=2.99792458\times10^{8}\,\text{m/s}$

电子的电荷 $e=1.6021892\times10^{-19}\,\text{C}$

普朗克常量 $h=6.626176\times10^{-34}\,\text{J}\cdot\text{s}$

电子的比荷 $\frac{e}{m_e}=1.7588074\times10^{11}\,\text{c/kg}$

摩尔气体常数 $R=8.31441\,\text{J/(mol}\cdot\text{K)}$

标准状态下理想气体的摩尔体积
$v_m=22.41383\times10^{-3}\,\text{m}^3/\text{mol}$

真空的介电常数(电容率)
$\varepsilon_0=8.854188\times10^{-12}\,\text{F/m}$

波耳兹曼常数 $k=1.380662\times10^{-23}\,\text{J/K}$

标准大气压 $p_0=101325\,\text{Pa}$

标准状态下空气中的声速 $v=331.46\,\text{m/s}$

标准状态下水银的密度 $\rho=13595.04\,\text{kg/m}^3$

阿伏加德罗常数 $N_0=6.022045\times10^{23}\,\text{mol}^{-1}$

原子质量单位 $\mu=1.6605655\times10^{-27}\,\text{kg}$

电子的静止质量 $m_e=9.109534\times10^{-31}\,\text{kg}$

法拉第常数 $F=9.648456\times10^{4}\,\text{C/mol}$

氢原子的里德伯常量
$R_H=1.096776\times10^{7}\,\text{m}^{-1}$

引力常量
$G=6.6720\times10^{-11}\,\text{N}\cdot\text{m}^2/\text{kg}^2$

冰点的绝对温度 $T_0=273.15\,\text{K}$

标准状态下空气的密度 $\rho=1.293\,\text{kg/m}^3$

真空的磁导率 $\mu_0=12.566371\times10^{-7}\,\text{H/m}$

附录3 20℃时常用固体和液体的密度

物质	$\rho/(\text{kg}\cdot\text{m}^{-3})$	物质	$\rho/(\text{kg}\cdot\text{m}^{-3})$	物质	$\rho/(\text{kg}\cdot\text{m}^{-3})$	物质	$\rho/(\text{kg}\cdot\text{m}^{-3})$
铝	2698.9	铂	21450	石英	2500～2800	乙醇	789.4
铜	8960	铅	11350	水晶玻璃	2900～3000	乙醚	714
铁	7874	锡	7298	窗玻璃	2400～2700	汽油	710～720
银	10500	水银	13546.2	冰(0℃)	880～920	弗利昂-12	1329
金	19320	蜂蜜	1435	甘油	1260	变压器油	840～890
钨	19300	钢	7600～7900	甲醇	792		

常用光源的谱线波长

（单位：mm）

一、H(氢)	667.82(红)	三、Ne(氖)	585.25(黄)	546.07(绿)
656.28(红)	587.56(D 黄)	650.65(红)	四、Na(钠)	491.60(绿蓝)
486.13(绿蓝)	510.57(绿)	640.23(橙)	589.594(D 黄)	435.83(蓝紫)
434.05(蓝)	492.19(绿蓝)	638.30(橙)	588.997(D 黄)	407.78(紫)
410.17(蓝紫)	471.31(蓝)	626.65(橙)	五、Hg(汞)	404.66(紫)
397.01(蓝紫)	447.15(蓝)	621.73(橙)	623.44(红)	六、He-Ne 激光
二、He(氦)	402.62(蓝紫)	614.31(橙)	579.07(黄)	632.8(橙)
706.52(红)	388.87(蓝紫)	588.19(黄)	576.96(黄)	

常温下某些物质的折射率

物　质	波　长		
	H_α(线)　656.3 mm	D(线)　589.3 mm	H_β(线)　486.1 mm
水(18℃)	1.3314	1.3332	1.3373
乙醇(18℃)	1.3609	1.3625	1.3665
冕玻璃(轻)	1.5127	1.5153	1.5214
冕玻璃(重)	1.6126	1.6152	1.6213
燧石玻璃(轻)	1.6038	1.6085	1.6200
燧石玻璃(重)	1.7434	1.7515	1.7723
方解石(o 光)	1.6545	1.6585	1.6679
方解石(e 光)	1.4864	1.4864	1.4908
水晶(o 光)	1.5418	1.5442	1.5496
水晶(e 光)	1.5509	1.5533	1.5589

参考文献

[1] 眭永兴,许雪芬.大学物理实验[M].南京:南京大学出版社,2016.

[2] 陆廷济,胡德敬,陈铭南.物理实验教程[M].上海:同济大学出版社,2000.

[3] 吴泳华,霍剑青,浦其荣.大学物理实验[M].2版.北京:高等教育出版社,2005.

[4] 徐滔滔.大学物理实验教程[M].北京:科学出版社,2008.

[5] 胡小鹏,高文莉,万春华.大学物理实验(理科)[M].南京:南京大学出版社,2012.

[6] 陈均钧,陈红雨.大学物理实验教程[M].北京:科学出版社,2009.

[7] 赵军良.大学物理实验[M].徐州:中国矿业大学出版社,2010.

[8] 陈健,王廷志.物理实验教程[M].苏州:苏州大学出版社,2010.

[9] 朱基珍.大学物理实验(基础部分)[M].武汉:华中科技大学出版社,2013.

[10] 陈发堂.大学物理实验教程[M].北京:中国电力出版社,2009.

参考文献

信息摘记

信息摘记

信息摘记

信息摘记